广西沿海
近代建筑研究

◎ 莫贤发 著

WUHAN UNIVERSITY PRESS
武汉大学出版社

图书在版编目(CIP)数据

广西沿海近代建筑研究/莫贤发著.—武汉：武汉大学出版社,2021.1
ISBN 978-7-307-21984-7

Ⅰ.广…　Ⅱ.莫…　Ⅲ.沿海—建筑史—研究—广西—近代
Ⅳ.TU-092.5

中国版本图书馆 CIP 数据核字(2020)第 233273 号

责任编辑:王　荣　　责任校对:李孟潇　　版式设计:马　佳

出版发行:**武汉大学出版社**　(430072　武昌　珞珈山)
(电子邮箱:cbs22@whu.edu.cn　网址:www.wdp.com.cn)
印刷:武汉邮科印务有限公司
开本:787×1092　1/16　印张:9　字数:210 千字　插页:1
版次:2021 年 1 月第 1 版　2021 年 1 月第 1 次印刷
ISBN 978-7-307-21984-7　定价:48.00 元

前　言

北部湾畔的广西沿海地区，历史上始终处于我国对外开放与交流的前沿，尤其是近代时期，作为桂南、粤西政治经济文化的中心、中西通商的口岸城市、海上贸易的港口商埠及西南地区货物流通最便捷的出海通道，成为中西贸易往来、文化交流的重要地区。它所处的地理位置、历史背景、社会条件决定了其对外来建筑文化的适应性接受方式及情形与众不同，它既不同于珠三角、长三角、环渤海等主流地区的文化交流，又不同于闽南、潮汕、五邑等侨乡地区的华侨输入，外来建筑文化被接纳的关键在于社会意识和风尚上的认同与欣赏，是对外来建筑文化的主动汲取而非被动接受。在中西建筑文化的融汇下，该地区形成了一批独具特色、风格素雅的近代建筑。作为对外开放与中外文化交流的物质遗存，广西沿海近代建筑集中体现了对本土建筑文化的传承及外来建筑文化的吸纳，充分展现了北部湾地区近代建筑融合发展的历程，因其风格独特，而且在西南地区遗存较少，具有较高的历史文化价值和科学研究价值。

广西沿海地区的近代建筑类型丰富多样，可分为七大类型：外国人建造的西洋建筑、传教士建造的教会建筑、地方政府建造的行政办公建筑及其推广实行的骑楼建筑、社会精英推崇效仿的居住建筑、学校学堂建造的文教建筑、普通民众建造的庙宇建筑。其具备两方面的特点。一方面，广西沿海近代建筑仍是基于传统的工匠体系而营造，并未形成系统的转型与革新，仅仅是局部模式（主要体现在建筑立面上）的接纳与吸收，西方建筑的元素符号（如外廊、拱券、檐墙等）被本土工匠糅合到传统建筑的体系中，形成"西皮中骨"的建筑形态。另一方面，因对外来建筑文化的适应性接受方式具有文化来源多元化、传播途径多样化、接受方式主动化、影响结果广泛化的特点，广西沿海近代建筑更多地展现了鲜明的地域特色，在物质空间上，多以排屋与外廊结合的空间格局为主；在建筑立面上，以券形、柱式组成券拱型、券柱型，形成连续的券廊统领立面，立面形式表现为横三段式的构图，分段特征显著、层次清晰，造型虚实结合；光影效果明显、体量感十足；在建筑构造上，以西式柱墙承重、拱券形式、桁架支撑与中式的硬山搁檩、木楞楼面相结合；在材料使用上，新旧结合、中西混用，既有钢材、水泥、铁艺等新型建筑材料，又有竹木、青砖、石灰、黄泥、石材等地方建筑材料。

当前近代建筑研究对象的选取多集中在南京、上海、厦门、广州等中心城市或主流地区，或许是因为这些地区的近代建筑分布集中、规模宏大、构成复杂、装饰华丽等显著特征，并具有强烈的示范作用，研究也容易立竿见影，很自然地被给予更多的关注。而对于非中心城市或边缘地区则关注其少，对这些地区近代建筑研究的不足导致了我国近代建筑研究存在一定的盲区，无法形成完整的研究图景。只有边缘和中心既为背景，也互为尺度，才能获得对我国近代建筑全貌的整体认识。广西沿海近代建筑作为边缘地区的一个缩影，尽管这些建筑造型较为简洁，装饰相对质朴，空间构成单纯，形态变化较少，相对于主流地区的近代建筑而言，示范性作用不突出，引领性标杆也不强烈，但在传统社会与建筑技术的背景下，更多地体现了鲜明的地域特色，同样值得我们去探讨与研究。

本书基于对基础理论、历史文献、现状建筑的分析，系统地研究了广西沿海近代建筑的产生背景、发展历程、类型特征、立面形式、地域特色、保护利用等内容。研究重点不局限于近代建筑的功能、形式、构造、材料等具象的物质因素，而是通过外来建筑文化对广西沿海近代建筑影响渠道与过程，外来建筑及受外来建筑影响的本土建筑的物质空间、立面形式、建筑构造、建筑材料、建造思想观念的研究，探讨以西洋建筑、教会建筑为代表的外来建筑文化在广西沿海地区的传播与影响，并从跨文化传播学的视角，揭示广西沿海地区传统建筑对外来建筑文化吸收与接纳的基本范式。本书分为四个部分作逐步深入的探究。

第一部分，外来建筑通过早期西方教会的宗教传播、通商口岸的强势植入和后期地方政府的积极推广、社会精英的推崇效仿这四条渠道影响广西沿海地区近代建筑，探究广西沿海近代建筑在不同时期的建造活动及特点。

第二部分，通过现存较具代表性的建筑实例的分析，探究广西沿海近代建筑的形态特征，重点研究立面形式，分别从立面类型、立面构成、立面装饰三个方面总结立面特征并探究形成的原因。

第三部分，从近代建筑的物质空间、立面形式、建筑构造、材料使用、建筑选址与环境等方面分析建筑的形态独特性，重塑广西沿海近代建筑的文化价值，并从文化来源、传播途径、接受方式、影响结果四个方面揭示广西沿海近代建筑的地域特色。

第四部分，挖掘和凝练广西沿海近代建筑的价值特色，分析当前的保护现状及存在的问题，提出保护策略及保护路径，以期为后续的保护与活化利用提供参考。

目　　录

第 1 章　绪　　论

1.1　研究背景与意义

　　素有"南珠之乡""近代商埠""现代海城""东盟门户"之称的广西沿海地区，是一个拥有独特历史文化的地区，也是一个非常值得研究的区域，从古至今一直是我国对外交流的前沿，成为传播中华文明和中外贸易往来、文化交流的重要窗口。该地区的发展始终与对外开放有着深厚之缘，是北部湾对外开放的历史见证，是中华民族走向海洋、对外开放的典型缩影。早在两千多年前的西汉，广西沿海就是我国古代"海上丝绸之路"的重要始发港之一，成为传播中华文明、中国与外国贸易往来和文化交流的前沿窗口。从北海的合浦港出发，沿中南半岛的越南、缅甸，经南洋的印度尼西亚、新加坡、马来西亚等抵达印度、斯里兰卡，再进入西亚、东非乃至欧洲等地。这条帆影苍茫、舟楫相望、披荆斩棘、迎风破浪的"海上丝绸之路"，成为中外贸易往来、文化交流的重要纽带，并与名闻遐迩的"陆上丝绸之路"同样举足轻重。隋唐时期，经济文化交往、对外贸易进一步扩大，广西沿海地区成为与安南（今越南）等国开展海上贸易的重要港口。宋元时期，航海业进一步发展，往来的商旅船舶络绎不绝，广西沿海地区成为中外互通的贸易市场，并在廉州府设立了市舶司，以加强对海外贸易的管理。明清时朝，广西沿海地区与马来西亚、缅甸、越南、印度等东南亚国家贸易往来频繁，经济贸易长盛不衰，渔业发达，港口贸易繁荣，成为北部湾畔富庶之地。清同治时期，北海有固定航线开往海口、广州、澳门、香港、海防、西贡等地。1876 年中英《烟台条约》签订，辟北海为通商口岸，该地区作为通商口岸城市、海上贸易港口及西南地区货物流通最便捷的出海口通道，与外界交流的"桥头堡"作用更加凸显。广西沿海地区的发展呈现"客似云来，货如轮转"的兴旺景象，一跃成为广西北部湾繁盛之区及中西文化融汇之所。

　　现代时期，随着改革开放的全面展开，1984 年北海被列为沿海开放城市之一，1992年被列为西南出海大通道的重要出海口，2008 年国家批准《广西北部湾经济区发展规划》，北海作为广西北部湾经济区的重要城市对外开放开发。2010 年中国-东盟自由贸易区建成，广西沿海地区发挥作为大西南地区出海通道和沟通中国与东盟"桥头堡"的作用，成为面向东盟开放合作的前沿和重要门户。2017 年国家实施《北部湾城市群发展规划》，作为环北部湾地区的广西沿海地区，再次迎来加快发展的新机遇。新时代，广西沿海地区积极响应国家"一带一路"倡议，充分发挥对"一带一路"有机衔接的重要门户作用、面向东盟国际大通道的门户港和国家西部陆海新通道的支点，融入粤港澳大湾区的建设，抓住机遇，发挥自身优势，加快发展的步伐。

回顾过去，历史一次次选择广西沿海地区，每次都站在时代的前沿，发挥其对外开放的作用。展望未来，广西沿海地区在开放精神的引领下，在新世纪的海上丝绸之路上谱写新的篇章，在新时代的特色社会主义征程上续写新的辉煌[1]。

1.1.1　缘起

广西沿海地区从古至今都是一个对外开放的区域，近代时期（1840—1949 年）作为桂南、粤西的政治、经济、文化中心，尤其自 1876 年北海开埠后，该地区在中西建筑文化交汇、碰撞、融合过程中形成了一批具有鲜明地域特色的近代建筑，作为中外文化交流的物质型成果系统，具有较高的历史价值、文化价值和建筑艺术价值，见证了近代北部湾地区社会、经济、文化的历史进程，在广西近代建筑发展史上具有重要意义，理应值得我们去探讨与研究。但由于特定的历史原因，对广西沿海近代建筑历史与文化的研究，长期以来未受到足够的重视，与多姿多彩的民族建筑、传统村寨研究相比，这是一项较为滞后和薄弱的研究领域。同时，广西沿海地区作为中国近代建筑史研究体系中的边缘地区，相对于上海、南京、广州等主流城市的近代建筑而言，由于示范性作用不突出，引领性标杆也不强烈，一直以来未能引起学术界更多的关注，被置于研究的边缘。随着泛北部湾区域合作的兴起，中国-东盟自由贸易区的建立，"一带一路"海上丝绸之路的深化，广西沿海地区的开放开发上升为国家战略，广西沿海地区成为区域发展的重要一极，吸引了更多关注的目光。

因此，在这样的理论研究和社会现实背景下，对广西沿海近代建筑进行系统、深入而专门化的研究，以彰显该北部湾地区独特的历史文化底蕴，提升该地区城市知名度，以服务当地经济社会发展，就显得极为迫切和重要。

1.1.2　研究意义

1）学术价值

本书旨在系统地研究近代时期广西沿海建筑的产生背景和发展历程、形态特征、地域特色等内容，探究以西洋建筑、教会建筑为代表的外来建筑文化在广西沿海地区的传播途径与影响，揭示广西沿海地区传统建筑对外来建筑文化吸收与接纳的基本范式。一方面，在对广西沿海近代建筑相关历史文献与建筑现状资料的全面收集、分类整理、数据统计的基础上，通过研究，深化对广西沿海近代建筑的认知，进一步充实广西乃至中国近代建筑研究的理论体系；另一方面，从跨文化传播学的视角论述外来建筑文化对广西沿海地区传统建筑的影响，揭示广西沿海地区地域文化对外来建筑文化的吸收与接纳的基本范式，为探索西方建筑文化在近代中国沿海非主流地区的传播提供参考，拓展广西近代建筑历史与建筑文化研究的理论视野。

2）实践意义

作为物质载体的广西沿海近代建筑见证了近代时期广西沿海地区外来文化与本土文化

的交流互动过程，虽然作为一种建筑遗产，其规模和形制都不足以与上海、广州、沈阳等城市的近代建筑遗迹相提并论，但其建筑物本身对广西近代建筑发展研究具有重要的价值。目前，多数近代建筑遗迹分散在该地区的圩镇、乡村之中，周边环境严重影响其生存，其中一些建筑面临着被拆除的困境。本书希望通过对广西沿海近代建筑历史文化价值的发掘，唤醒人们对近代建筑遗产保护的重视。开展广西沿海近代建筑历史文化研究，对建设北部湾地区先进文化，塑造北部湾城市形象，推进该区域的改革、开放和发展都具有重要的意义。其一是服务国家，对开展近代史与爱国主义教育，激励海内外中华儿女热爱祖国、建设祖国，实现中华民族伟大复兴的中国梦具有重要的作用。其二是指导实践，为广西沿海近代建筑的保护与利用提供科学的决策依据。其三是提升形象，利于北部湾城市群城市形象的提升、城市品牌的树立、城市精神的塑造。

1.2　相关概念与研究对象

1.2.1　近代时期

以现行中国近代史（1840—1949 年）的分期法为参考，将近代时期界定为始于 1840 年鸦片战争爆发到 1949 年新中国成立。这个时期处于承上启下、新旧交替的过渡阶段，从封建社会逐步演变为半殖民地半封建社会。社会性质的改变对建筑发展的走向具有重大的影响，因此，历史学范畴上的中国近代史的起止点也能够作为建筑史学研究的时间节点。

1.2.2　广西沿海地区

北部湾位于我国南海的西北部，是由我国的广西沿海地区、广东雷州半岛、海南岛和领国越南围合而成的一个半封闭的海湾，其海域面积约 12.93 万平方千米。广西沿海地区亦称为广西北部湾地区，是中国与东盟各国经贸往来的"桥头堡"，也是我国大西南通往东南亚的出海通道，包括广西钦州、北海、防城港三市所辖区域，陆地面积 20353 平方千米，广西沿海海岸线长 1628.5 千米，东起合浦县洗米河口，西至东兴市的北仑河口。其中，北海市位于广西沿海东部，是古代"海上丝绸之路"的重要始发港，为国家历史文化名城，下辖三区一县（海城区、银海区、铁山港区、合浦县）；钦州市位于广西沿海中部，东与北海市相连，西与防城港市毗邻，是广西沿海地区的核心城市，是大西南最便捷的出海通道，下辖两区两县（钦南区、钦北区、灵山县、浦北县）；防城港市位于广西沿海西部，是一座沿海、沿边港口城市，广西第二大侨乡，被誉为"西南门户、边陲明珠"，下辖两区两县（港口区、防城区、上思县、东兴市）。近代时期的钦州、北海、防城港隶属广东省，称为钦廉地区、钦廉四属（防城、灵山、合浦、钦州），几次改隶后于 1965 年划为广西壮族自治区管辖。近代时期，它们分别是桂南、粤西的政治、经济、文化中心，其中，北海作为近代通商口岸，是西方建筑文化传播的重要窗口；钦州、防城港毗邻法殖民地安南（今越南），也是接受西方建筑文化的前沿地区。

1.2.3　近代建筑

近代建筑，广义上指在 1840—1949 年期间建造的建筑，这个时期的建筑处于承上启下、中西交汇、新旧接替的过渡时期。一方面是传统建筑的延续，另一方面是西方建筑的传播，这两种建筑活动碰撞与融合，构成了中国近代建筑发展的主线。张复合先生将中国近代建筑划分为四类：第一类是"承续型"，既体现出传统承续，又受外来建筑文化影响，但以体现传统承续为主；第二类是"影响型"，基本体现出外来建筑文化影响，但有程度不等的传统承续表现；第三类是"早发型"，是具有"近代性"的中国古代时期的建筑，兼具前两类的特性；第四类是"后延型"，为古代时期的建筑在近代时期的重复，不体现中国近代建筑的特征[2]。本书将广西沿海近代建筑界定为在 1840—1949 年，受外来建筑文化影响而产生，以"承续型"与"影响型"相结合的"融合型"建筑，既有外来建筑的影响，亦有传统建筑的承续，中西结合，相得益彰，建筑类型不仅包括外国人建造的西洋建筑、传教士建造的教会建筑，还包括地方政府建造的行政办公建筑及其推广实行的骑楼建筑、社会精英推崇效仿的居住建筑、学校学堂建造的文教建筑、普通民众建造的庙宇建筑等。它们或具有新功能、新形式、新技术、新材料等近代特征属性的建筑，或在物质空间上采用排屋与外廊结合的空间布局模式，或立面形式上融合了中西式建筑符号，或在建筑构造上，西式柱墙承重、拱券形式、桁架支撑与中式的硬山搁檩、木楞楼面相结合，在材料使用上，因地制宜、新旧结合、中西混用等，既有钢材、水泥、铁艺等新型建筑材料，又有竹木、青砖、石灰、黄泥、石材等地方材料。

1.2.4　外来建筑文化

来自中国以外的建筑文化，因特定的地理位置，近代广西沿海地区所受外来建筑文化来源多元，主要有来自西方国家直接输入的建筑文化，还有经南洋地区、越南及我国广州等地传入广西沿海地区的融合有东南亚、岭南特色的西方建筑文化及其两者交互形成的多元建筑文化。在近代广西沿海建筑文化发展进程中，外来建筑文化始终扮演着较重要的角色，并与本土建筑文化碰撞、融合成为该地域文化中不可缺少的一部分。广西沿海地区自古至今都是对外开放的区域，在利用海洋、开发海洋的过程中铸就了一种开放纳新、兼容并蓄的城市品格，海洋文化、中原文化、广府文化、西方文化在此交融，形成以海洋文化为主、多元文化交汇之地。

1.3　研　究　现　状

1.3.1　我国近代建筑研究现状

迄今为止，国内学者对我国近代建筑的研究已经形成了一个相对完整的体系，研究成果颇丰。全国性的主要研究成果有《中国近代建筑总览》《中国近代建筑研究与保护》《中国近代城市与建筑（1840—1949）》《中国近代中西建筑文化交融史》等，地方性的主要研究成果有《上海百年建筑史》《厦门近代建筑》《武汉近代建筑》《天津近代建筑》《庐山近代建筑》等。杨秉德的《中国近代中西建筑文化交融史》从建筑文化的视角探讨了近代中西建筑文化交流的历史过程，论证了西方建筑文化对中国近代建筑产生影响的渠道[3]。伍江的《上海百年建筑史（1840—1949）》探索上海近代建筑的演变轨迹及形成与发展的动因[4]。彭长歆的《现代性·地方性：岭南城市与建筑的近代转型》从区域研究的角度考察岭南城市和建筑的近代转型及其内在机制[5]。董黎的《岭南近代教会建筑》从地域文化的角度分析了中西方建筑文化交汇的特征[6]。

此外，从近年来的研究中还可以看到以下几个趋势：第一，研究对象有所扩展，首先在研究的地理范围上，从开埠城市向内陆城市延伸，从大中城市向中小城市拓展；第二，研究深度有所增加，从对建筑的本体形态研究，逐渐扩展到对建筑文化、建筑背景及建造方式等建筑所蕴含的文化意义及反映的时代背景的研究；第三，关注建筑保护与再利用，强调整体的、系统的、动态的研究方法和原则，这些研究对建立中国近代建筑的保护理论体系和建立近代建筑的价值评估体系有着重要的作用；第四，关注传统建筑在近代的嬗变，在外来文化的冲击下，传统建筑是如何文脉传承与创新发展的，并探索地域化近代建筑的形成之根源[7]。但研究存在学科局限，大多是从建筑学角度研究，与社会学、传播学等学科结合研究较少，研究范式多为：发现遗存—实地调研—资料研究—保护利用，较为单一。研究也存在地域偏好，研究对象的选取更多地青睐于上海、天津、南京、广州等主流城市或中心城市，或许是因为这些城市的强烈示范作用，使得我们在接触近代建筑时，往往因某种思维定式，以其规模宏大、空间构成复杂、构造精美、装饰华丽等特征，很自然地给予更多的关注，而对于非主流地区或中小城市的关注相对较少，通常被置于研究视域的边缘。对这些地区的近代建筑研究的不足导致了我国近代建筑研究存在一定的盲区，无法形成完整的研究图景。只有边缘和中心既为背景，也互为尺度，才能获得对近代建筑全貌的整体认识[8]。

1.3.2 广西近代建筑研究现状

截至目前，作为边缘地区一个典型代表的广西沿海近代建筑并没有得到充分的研究，现有研究不系统，也不全面，研究成果相对较少。学术著作主要有《广西近代百年建筑》，从历史学角度对广西近代建筑作了基础性的概述，阐述了广西近代建筑兴起的历史背景，分析了中西建筑文化交流融合的基本情况，主要建筑形式及其特征等[9]。对广西沿海近代建筑的研究大多集中在被认知程度较高的骑楼上，《北海老城区骑楼建筑形态研究》系统地研究了北海老城区及其骑楼建筑的形态特征[10]；《北海老街——百年老城》主要描述北海老城区的起源发展、街道风貌、骑楼建筑、人文景观以及保护利用等内容[11]；《唤醒老城——北海老城珠海路修复二期工程》主要记录了北海老城区珠海路修复的思考、决策、实施的全过程[12]。学术论文有《北海近代建筑探究》《北海近代建筑保护和利用的探讨》《大清邮政北海分局旧址的保护研究》[13-15]等，主要从保护利用角度对近代建筑的保护利用提出建议。总体而言，广西沿海近代建筑研究领域并未吸引诸多学者的关注。这可能包括四个层面的原因：其一，相对于长三角、珠三角等主流地区，地处中国南疆边陲的广西沿海地区长期以来处于历史发展的边缘，一直没有得到足够重视。近年来，随着中国-东盟自由贸易区、广西北部湾经济区的迅速崛起及北部湾城市群的规划发展，虽然有所改观，但依然被界定为欠发达地区，因而没能引起学界的特别关注。其二，广西沿海近代建筑大多建于民国时期，由于特定的历史原因，亦未受到官方的重视，从而影响学术的客观态度和健康成长，而且该地区的近代建筑引领示范性作用不突出，在一定程度上也制约对其的关注度。其三，广西是少数民族自治区，在继承和弘扬传统文化，突出民族特色的大背景下，当前学界更多地关注传统建筑、民族建筑、少数民族村寨等民族题材方面的研究，而对广西沿海近代建筑的研究涉及较少。其四，广西沿海近代建筑遗迹分布较分散，只有少部分集中在市区，而更多的则散落在圩镇、乡村之中，要系统构建一个完整的研究图景，首先要投入大量的人力、物力、财力进行资料收集、普查统计、测绘制图、建档立册等基础性工作，但因该地区建筑学科专业的研究力量不足，导致这些工作没有得到有效、系统的开展。

总体而言，我国很多主流地区或中心城市的近代建筑研究取得了丰硕成果，如北京、上海、广州、南京等，而广西沿海地区作为我国近代建筑研究范畴里边缘地区的一个典型代表，与主流地区相比，研究成果甚微，今后应加大对该地区近代建筑的研究力度，以期取得更多的研究成果，丰富和充实我国近代建筑史的研究体系。

1.4　研究创新点与具体方法

1.4.1　研究创新点

（1）以近代中西建筑文化的碰撞与融合为社会背景，通过外来建筑文化对广西沿海近代建筑产生影响的四条渠道，将广西沿海近代建筑进行归类，结合实例分析其物质空间、立面形式、结构构造、建筑材料的特征，以及外来建筑文化在广西沿海地区传播过程中发生的克隆与变异现象在建筑实体上的体现。

（2）通过对中西方文化交汇下的广西沿海近代建筑进行研究，探究建筑本体形态特征的独特性与蕴意丰富的地域文化之特色，从而形成地方传统与西方风格相融合的广西沿海地区城市风貌特色。

（3）引入"文化涵化"的概念，即文化传播过程中发生的两种异质文化互相接触、影响、发生变迁，从而出现主客体文化互相接受对方文化特质，形成两种文化互相融合、交流的过程。广西沿海近代建筑在中西文化的碰撞交融过程中形成，正是外来建筑文化与广西沿海本土建筑文化互相接触、继而涵化的过程[16]。以跨文化传播学理论为基础，从外来建筑文化传播中的符号系统、文化优势规律、动力与影响机制、调适与融合、增值与创新等方面建构广西沿海地区传统建筑对外来建筑文化吸收与接纳的基本范式（图1-1）。

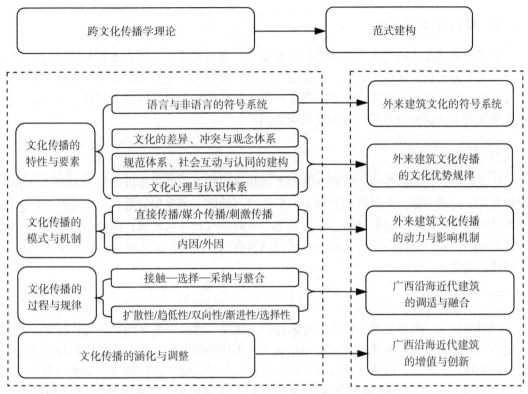

图1-1 本研究与跨文化传播理论的对应关系示意图

1.4.2 研究方法

1）文献研究法

文献研究法主要指搜集、鉴别、整理文献，并通过文献的研究形成对事实的科学认识的方法。本研究通过对《中国近代建筑研究与保护》《中国近代中西建筑文化交融史》《广西通史》《广西宗教志》《广西百年近代建筑》等文献资料及各市县地方志的搜集与查阅、整理与鉴别，分析该地区的自然气候、地理环境、社会文化、城乡建设、开埠通商等因素，以获取广西沿海近代建筑形成及发展的背景条件。

2）实地调查法

实地调查法是对某种社会现象在确定的范围内进行实地考察，并搜集大量资料用以统计分析，从而探讨社会现象的方法。笔者已对广西沿海地区范围内的近代建筑遗存及所在城市开展实地考察、拍摄照片、普查统计，重点对具有代表性的近代建筑进行详细、精准的测绘记录，并对使用者或周边住户进行访谈，以获得建筑的建造背景、形式构造、尺度数据、使用状况等原始资料，形成了《建筑测绘图集》《近代建筑调研报告集》《近代建筑信息统计表》等调研资料，为进一步分析研究提供基础资料。

3）描述分类法

描述分类法是指通过比较事物之间的相似性，把具有某些共同点或相似特征的事物归属于一个不确定集合的逻辑方法。依据建造年代、建造者、建筑功用或建筑形式对建筑物进行分类，使研究更具条理化，并有助于揭示建筑物质元素背后的基本规律，也为进一步在实地调研中认识和分辨相同类型建筑提供向导。

4）比较归纳法

比较归纳法是指将性质、特点在某些方面相同或相近的事物加以比较，进而引出结论的研究方法。本书在分类分析的基础上对广西沿海地区不同类型的近代建筑进行对比，从物质空间、立面形式、建筑材料、构造技术等方面探究其异同之处，以归纳总结广西沿海近代建筑的主要特征，为从跨文化传播学的视角探究外来建筑文化对该地区的本土建筑的影响奠定基础。

5）交叉学科法

以西洋建筑、教会建筑为代表的外来建筑文化在广西沿海地区的发展与传播是一种跨文化传播现象。研究外来建筑文化对该地区的本土建筑的影响，涉及文化传播与跨文化传播的基本知识和定律。以跨文化传播研究为基础，探讨文化传播的前提、基础与条件，有助于从宏观层面上分析和研究外来建筑文化在广西沿海地区传播及对本土建筑的影响结果。

1.5　研 究 内 容

本书以广西沿海近代建筑为研究对象，通过对基础理论、历史文献、现状建筑的分析，系统地研究近代建筑的形成发展、主要特征、立面形式、地域特色、保护利用等内容，并从跨文化传播学的角度出发，探讨近代时期以西洋建筑、教会建筑为代表的外来建筑文化在广西沿海地区的传播及影响，并进行系统而全面的研究。全书共有 7 章，其中，第 3 至第 5 章为重点章节。

第 1 章为绪论，介绍本书研究背景与意义，相关概念解释，研究对象界定，采用的研究方法、创新点等；梳理我国近代建筑的研究现状及当前广西近代建筑研究的不足。

第 2 章为广西沿海近代建筑的产生与发展，介绍广西沿海地区近代建筑的遗存概况，从宗教传播、开埠通商、政府推广、精英效仿四个方面分析外来建筑文化对广西沿海近代建筑发展历程的影响及不同时期的建筑活动，总结广西沿海近代建筑的发展特点。

第 3 章为广西沿海近代建筑的类型与实例，对近代建筑进行归类，结合典型实例，从物质空间、立面形式、建筑构造、建筑材料、建筑选址与环境等方面探讨不同类型近代建筑的主要特征。

第 4 章为广西沿海近代建筑的立面形式，归纳近代建筑的立面类型，分析其立面构成、立面装饰并总结其立面特征，并探究立面特征形成原因。

第 5 章为广西沿海近代建筑的地域特色，结合外来建筑在广西沿海地区传播与影响的驱动机制，从物质空间、立面形式、建筑构造、建筑选址与环境等内容归纳近代建筑形态的独特性；从文化来源、传播途径、接受方式、影响范围四个方面论述广西沿海近代建筑的地域特色，并重塑广西沿海近代建筑的文化价值。

第 6 章为广西沿海近代建筑的保护利用，挖掘、凝练广西沿海近代建筑的历史、文化、艺术诸多价值特色，介绍近代建筑的保护现状及其存在的问题，并提出相应的策略方法和保护路径。

第 7 章为结论与展望。总结本书研究结论，并提出未来的研究方向。

◎ 本章参考文献

[1] 王小东. 关于北海历史文化与城市发展的思考 [N]. 光明日报，2004-04-01 (010).

[2] 张复合. 中国近代建筑研究与保护（六）[M]. 北京：清华大学出版社，2008.

[3] 杨秉德. 中国近代中西建筑文化交融史 [M]. 武汉：湖北教育出版社，2008.

[4] 伍江. 上海百年建筑史（1840—1949）[M]. 上海：同济大学出版社，1997.

[5] 彭长歆. 现代性·地方性：岭南城市与建筑的近代转型 [M]. 上海：同济大学出版社，2012.

[6] 董黎. 岭南近代教会建筑 [M]. 北京：中国建筑工业出版社，2005.

[7] 刘佳. 镇江近代建筑形态及其演变研究 [D]. 无锡：江南大学，2012.

[8] 刘亦师. 边疆·边缘·边界——中国近代建筑史研究之现势及走向 [J]. 建筑学报，2015 (6)：63-67.

[9] 梁志敏. 广西百年近代建筑 [M]. 北京：科学出版社，2012.

[10] 莫贤发. 北海老城区骑楼建筑形态研究 [M]. 南京：东南大学出版社，2018.

[11] 邹妮妮. 北海老街—百年老城 [M]. 南宁：广西人民出版社，2005.

[12] 李延强，邹妮妮. 唤醒老城——北海老城修复一期工程实录 [M]. 南宁：广西人民出版社，2006.

[13] 莫贤发，谭雪敏，廖虹雅. 北海近代建筑探究 [J]. 美术文献，2018 (10)：133-135.

[14] 廖元恬，李欣妍. 略谈北海近代建筑的保护和利用 [J]. 钦州学院学报，2016 (9)：1-8.

[15] 李欣妍. 大清邮政北海分局旧址的保护研究 [J]. 钦州学院学报，2019 (2)：46-52.

[16] 王苗. 中西文化碰撞下的天津近代建筑发展研究 [D]. 天津：天津大学，2013.

第2章 广西沿海近代建筑的产生与发展

2.1 广西沿海近代建筑的遗存概况

作为一个对外开放与中西文化交流的前沿区域，由于外来文化背景多元，在中外建筑文化交汇下，广西沿海地区建造了一批数量可观、类型多样、特色鲜明的近代建筑，既有海关、洋行、领事馆、俱乐部、教堂、医院、学校等新类型的建筑，又有商铺屋、民居、寺庙、宗祠等传统建筑的新发展。笔者在统计各级政府公布的文物保护单位名录的基础上，对广西沿海范围内现存近代建筑进行了多次实地调研，获得大量一手资料，结合历史文献，甄别筛选、整理统计出各市县保存较好的建筑遗存。截至现今，广西沿海近代建筑主要遗存共有 98 处（表 2-1），其中，北海有 48 处，主要分布在北海市海城区、合浦县城区。钦州有 27 处，主要分布在钦州市钦南区、灵山县、浦北县。防城港有 23 处，主要分布在防城港市防城区、东兴市。这些建筑建造时间主要集中在清末（1876—1905 年）和民国初期（1911—1937 年）两个时期。

表 2-1　　　　　　　　　　广西沿海近代建筑遗存信息一览表

城市	序号	建筑或街区名称	年代	地址
北海市	1	涠洲盛塘天主堂	清末	北海市海城区涠洲镇盛塘村
	2	涠洲城仔教堂	清末	北海市海城区涠洲镇城仔村
	3	北海关大楼	清末	北海市海城区海关路 6 号
	4	英国领事馆	清末	北海市海城区北京路 1 号
	5	普仁医院	清末	北海市海城区和平路 83 号北海市人民医院内
	6	双孖楼	清末	北海市海城区北京路 1 号北海市第一中学校园内
	7	法国领事馆	清末	北海市海城区北部湾中路 32 号
	8	德国森宝洋行	清末	北海市海城区解放路 19 号
	9	大清邮政北海分局	清末	北海市海城区中山东路 204 号
	10	德国信义会教会楼	清末	北海市海城区中山东路 213 号

城市	序号	建筑或街区名称	年代	地址
北海市	11	会吏长楼	清末	北海市海城区和平路 83 号北海市人民医院内
	12	贞德女子学校	清末	北海市海城区和平路 83 号北海市人民医院内
	13	德国领事馆	清末	北海市海城区北部湾中路 6 号
	14	北海天主堂	民国	北海市海城区解放里下村 2 号
	15	女修院	民国	北海市海城区和平路 83 号
	16	合浦图书馆	民国	北海市海城区北部湾中路 17 号北海市第一中学校园内
	17	主教府楼	民国	北海市海城区公园路 1 号
	18	丸一药房	民国	北海市海城区珠海中路 104 号
	19	永济隆	民国	北海市海城区珠海东路 172 号
	20	瑞园	民国	北海市海城区和平路东二巷 2 号
	21	梅园	民国	北海市海城区中山东路 202 号
	22	邓世增公馆	民国	北海市海城区中山东路 191 号
	23	东一药局	民国	北海市海城区中山东社区东一巷 2 号
	24	许锡清公馆	民国	北海市海城区新安街 5 号
	25	旧高德小学	民国	北海市海城区高德三街 92 号
	26	高德三婆庙	民国	北海市海城区高德三街 92 号对面
	27	邓世增故居	民国	北海市铁山港区营盘镇玉塘村 51、52 号
	28	南康中学高中楼	民国	北海市铁山港区南康镇南康中学校园内
	29	杨天锡故居	民国	北海市铁山港区南康镇朝阳街 83—89 号
	30	将军楼	民国	北海市铁山港区南康镇团结路 64 号
	31	八角楼	民国	北海市铁山港区南康镇花园路
	32	德国信义会建德园	民国	合浦县廉州镇定海北路 76 号还珠宾馆内
	33	槐园	民国	合浦县廉州镇康乐街 1 号
	34	张午轩故居	民国	合浦县廉州镇阜民南社区惠爱西路 89 号
	35	廉州府中学堂	民国	合浦县廉州镇文蔚坊 31 号廉州中学校园内
	36	廉州府中学堂图书馆	民国	合浦县廉州镇文蔚坊 31 号廉州中学校园内
	37	中山图书馆	民国	合浦县廉州镇东圩 97 号合浦师范校园内
	38	扁舟亭	民国	合浦县廉州镇东圩 97 号合浦师范校园内
	39	德国信义会德华学校	民国	合浦县廉州镇中山路 40 号
	40	福音堂学塾	民国	合浦县廉州镇白石场街 46 号廉州镇中心幼托园内
	41	乾江东西楼	清末	合浦县乾江镇乾江中学校园内

续表

城市	序号	建筑或街区名称	年代	地址
北海市	42	真如院	民国	合浦县公馆镇公馆中学校园内
	43	林翼中故居	民国	合浦县白沙镇油行岭村
	44	北海老街区	民国	北海市海城区中山路、珠海路
	45	南康老街区	民国	北海市铁山港区南康镇解放路、胜利路、沿江路
	46	婆围老街区	民国	北海市铁山港区营盘镇婆围村
	47	合浦老街区	民国	合浦县中山路、阜民路
	48	党江老街区	民国	合浦县党江镇东安街、中安街、西安街
钦州市	1	冯子材故居	清末	钦州市钦南区沙尾街 133、134 号
	2	苏廷有旧居	民国	钦州市钦南区占鳌巷 52 号
	3	冯承堉旧居	民国	钦州市钦南区四马路 2 号
	4	敬福堂	民国	钦州市钦南区占鳌巷 8 号
	5	光裕堂	民国	钦州市钦南区新兴街 27 号
	6	黄知元故居	民国	钦州市钦南区城内街二巷 17 号
	7	刘成桂旧居	民国	钦州市钦南区一马路 111 号 1 单元 1 幢
	8	郭文辉旧居	民国	钦州市钦南区龙门港镇人民政府大院内
	9	申葆藩旧居	民国	钦州市钦南区龙门港镇龙门港东村
	10	黄植生旧居	民国	钦州市钦南区黄屋屯镇屯兴街 111 号
	11	张锡光故居	民国	钦州市钦南区那彭镇六湖村委六湖村
	12	联保小学堂	民国	钦州市钦北区小董镇文化路 8 号
	13	张瑞贵旧居	民国	钦州市钦北区贵台镇那统村小学内
	14	新大塘龙武庄园	清末	钦州市灵山县灵城镇三海街道办龙武农场内
	15	榕树塘廖家大院	清末	钦州市灵山县三隆镇关塘村委榕树塘村
	16	龙窟塘陈家大院	清末	钦州市灵山县檀圩镇龙窟塘村委龙窟塘村
	17	司马塘宁家大院	清末	钦州市灵山县灵城镇灵城街道粮所
	18	化龙中学旧校舍	民国	钦州市灵山县石塘镇化龙中学内
	19	榨油屋小洋楼	民国	钦州市灵山县新圩镇萍塘村
	20	邓政洽故居	民国	钦州市灵山县新圩镇萍塘村
	21	大远梁公祠	民国	钦州市灵山县烟墩镇大远村
	22	香翰屏故居	民国	钦州市浦北县石埇镇坡子坪村委老城村
	23	豫园围屋	民国	钦州市浦北县寨圩镇兰门村委龙潭坡自然村
	24	合浦师范学校旧址	民国	钦州市浦北县寨圩镇寨圩中学内

续表

城市	序号	建筑或街区名称	年代	地址
钦州市	25	吴斗星故居	民国	钦州市浦北县福旺镇莞塘村
	26	谢家五凤堂	民国	钦州市浦北县龙门镇平洞村平洞小学内
	27	钦州老街区	民国	钦州市钦南区中山路、人民路
防城港市	1	谦受图书馆	民国	防城港市防城区教育路防城中学内
	2	防城工商联合会	民国	防城港市防城区教育路95号
	3	肇英堂	民国	防城港市防城区教育路
	4	防城中山图书馆	民国	防城港市防城区中山路
	5	维伯堂	民国	防城港市防城区中山路188号
	6	陈树坤旧居	民国	防城港市防城区人民路
	7	凤池堂	民国	防城港市防城区茅岭镇茅岭村茅一组2号
	8	叶瑞光旧居	民国	防城港市防城区那良镇解放路50号
	9	覃伯棠旧居	民国	防城港市防城区那良镇人民路69号
	10	沈贵方旧居	民国	防城港市防城区那良镇人民路54号
	11	郑日东故居	民国	防城港市防城区那良镇兴宁路25号
	12	巫剑雄故居	民国	防城港市防城区那良镇永安路11号
	13	杨南昌庄园	清末	防城港市防城区那良镇范河村
	14	廖道明故居	民国	防城港市防城区那良镇滩散村
	15	明江中学图书楼	民国	东兴市东中路东兴中学内
	16	明江中学教学楼	民国	东兴市东中路东兴中学内
	17	陈公馆	民国	东兴市永金街5号
	18	罗浮恒望天主堂	清末	东兴市东兴镇楠木山村恒乐屯
	19	竹山三德天主堂	清末	东兴市东兴镇竹山村三德组
	20	江平天主堂	清末	东兴市江平镇江龙村
	21	李裴侬旧居	民国	东兴市江平镇解放路
	22	防城老街区	民国	防城港市防城区镇夏路、中山路
	23	那良老街区	民国	防城港市防城区那良镇人民路

2.2　广西沿海近代建筑的产生背景

不同地区文化的传播与交流，主要是通过人员往来进行的，如经商、移民、传教、旅游、入侵等活动。杨秉德先生在其《中国近代中西建筑文化交融史》著作中论证了早期西方建筑对中国近代建筑产生影响的三条渠道：教会传教渠道（随西方宗教传入的教会建筑）、早期通商渠道（通商口岸城市建造的西洋建筑）、民间传播渠道（社会民众效仿西洋建筑建造的居住建筑，如上海石库门里弄住宅、闽粤侨乡建筑等）[1]。1840 年鸦片战争后，尤其是 1876 年《烟台条约》辟北海为通商口岸后，外来建筑文化的输入对广西沿海地区近代建筑的形成与发展产生了很大的影响，传播与影响的途径是多样化的、相互渗透的，不仅包括早期西方教会的宗教传播、通商口岸西方文化的强势植入，还有后期地方政府的积极推广、社会精英的推崇效仿等，这一过程体现了明显的"西方化"与"本土化"交叉融合、反复调适的特点，从而使广西沿海近代建筑呈现出不同的发展模式。

2.2.1　宗教传播

1858 年中英《天津条约》签订，条约规定许可英、法等国传教士在中国境内自由传教。1860 年中法《北京条约》签订，规定法国传教士在各省可以租买田地，建造房屋。由于最惠国条款，西方各国宗教派别都取得在中国自由传教，租买田地，建造房屋的权利，从而彻底解除外国传教士在华传教的禁制。此后，传教士大批进入中国，从沿海沿江的商埠城市到边远地区的城镇乡村都有他们的足迹，传教活动遍布各地。西方宗教分为天主教和基督教两大教派，西方教会进入广西沿海地区传播是在 1840 年鸦片战争之前，至 20 世纪初在该地区的传教事业有了较大的发展，各市县均建立了传教据点，建造了一批教会建筑。其在该地区的传播深度与广度在很大程度上受当时政治局势和社会背景的制约与影响。在传教布道的过程中，天主教采用自上而下传教策略，规矩严谨，强调西方宗教的神圣地位；而基督教则采用自下而上的传教策略，更多地通过创办学校、开设医院等"慈善"的形式进行教义的传播活动。因传教策略不同对广西沿海地区的本土文化及传统建筑的影响也不同。

1）天主教的传教活动

西方教会最早在广西沿海地区传播西方宗教文化，传教士充当了"急先锋"。天主教采用自上而下的传教方式，强势植入西方宗教思想。在防城港市，早在 1840 年鸦片战争之前，法国天主教利用越南作为跳板，向中越边境的东兴县渗透，传播天主教。据黄知元编《防城县志》载："惟近邻之越南国，自民国前二十七年，沦为法兰西殖民地。法人信仰天主教者也，特与芒街接壤之罗浮村、竹山圩、江平圩，各建天主教堂，吸收教民"[2]。至 19 世纪中叶，相继建造了罗浮恒望天主堂、竹山三德天主堂及江平天主堂，并以东兴为据点向上思、防城等周边传播西方宗教思想。在北海市，天主教以涠洲岛为据点向北海、合浦传教。涠洲岛位于广西北海市正南方北部湾海面上，其北距北海市区 21

海里，东距广东雷州半岛 52 海里，面积约 25 平方千米，是北部湾地区最大的岛屿。涠洲岛原是一个海盗出没的荒岛，明洪武二十三年（1390 年）为驻岛游击署所在地，曾移合浦、遂溪等地民众至此开荒种地。清朝康熙元年至嘉庆十一年（1662—1806 年），以海盗出没频繁为由，实行海禁政策，将它列为禁地。同治六年（1867 年），广东开平、恩平等地发生土、客两族械斗，客家人在械斗中败北逃亡至遂溪一带，正处日暮途穷之际，受法国巴黎外方传教会唐神父援助救济，深受其爱德精神感动，故受洗入教，然苦于居无定处，法国巴黎外方传教会遂向清廷申请特许教民前往涠洲岛定居，同年，由法籍传教士错士神父带领 1500 教民，租用帆船从雷州来到涠洲岛上传教。教会广纳教徒、广拥田产，出租给教民耕种，又组织岛上村民在村边筑起围墙，还购买了千余杆枪将教民武装起来，以抵御海盗。传教事业在涠洲岛上发展很快，1869 年开始在涠洲盛塘村建造天主教堂，由法籍传教士范神父亲自主持修建，因当时传教活跃，他三度出岛，前往广东湛江、广西北海等地传教，致使工程时建时停，历时十年至光绪六年（1880 年）才建成，建成后的涠洲天主堂成为北部湾地区最早、最大的天主堂。1883 年，法籍传教士鹤盛里神父又在涠洲岛西北城仔村建立一座教堂，进一步巩固了这个传教基地，至 19 世纪末，涠洲岛教徒已有千余人。据清人梁鸿勋在《北海杂录》中记载："涠洲墩，乃一小岛，周围约七十里，在北海之东南百余里……同治初年，广东巡抚蒋中丞（益澧），将曹涌客民派送至此开耕，而居民始事农业。法国神父亦到此传教，目染耳濡，习以成风，故居民约八千余，而天主教民又不下一千矣"[3]。涠洲岛从此成为天主教的一个重要传教据点。

1880 年，法籍传教士明神父从涠洲岛入北海传教，起初在北海老城区东泰街（今北海海城珠海东路）租房传教，教徒有 200 人。光绪二十一年（1895 年），法籍神父金声启（Kamnerel）接任，把教堂迁至博爱路 4 号，教徒发展至 400 人。1915 年，法籍颜神父接任，1917 年，在老城区南面（今北海市海城区解放里下村 2 号）买地建新教堂，于 1917 年设计并主持修建，1918 年落成。教堂建成后，在祭台间的正上方悬挂路德圣母浮雕像，该教堂称为"北海天主堂"。从 19 世纪 80 年代至 20 世纪 50 年代中期，先后共有 17 任神父在此传教，其中法籍神父 11 人，瑞士、爱尔兰籍神父各 1 人，中国籍神父 4 人。

1922 年，天主教北海教区成立，隶属于法国远东传教会，直接受巴黎外方传教会领导，主教府原设在广州湾（今广东湛江市），1924 年迁往北海，并于 1935 年建造主教府楼（现位于北海市海城区公园路 1 号），北海教区负责高州（今广东高州）、雷州（今广东湛江）、廉州（合浦县、钦州市）、防城（今防城港市）区域内 12 个县的传教活动。至 1949 年，北海教区内有教堂 12 座，外国籍神父 12 名，中国籍神父 9 名，教徒 6800 人。教区的活动经费主要来自法国远东传教会，少数来自教区慈善事业的收入。教区设主教府、圣德男修院、女修院、广慈医院、育婴堂、养老院、培德小学等。

与此同时，在钦州市，据《广西通志·宗教志》记载："清咸丰年间，有参加过太平天国起义的灵山县坪心乡村民受洗加入天主教，回乡后向村民宣传天主教思想，带动村民信教，并到广州请来圣梅神父到坪心乡传教，并在坪地塘村建立了广西沿海地区第一座天主教教堂。"[4] 钦县（今钦州市）因和灵山县毗邻，受灵山坪地塘天主教的影响，在咸丰时期就有了天主教徒。不过，巴黎外方传教会的传教士进入钦县（今钦州市）传教是 1925 年。至此，外国传教士以灵山、涠洲岛和东兴为基地向北海、合浦、防城、钦州三地传播西方宗教，广西沿海的天主教传播格局也基本形成。

2）基督教的传教活动

基督教在广西沿海地区的传播是多宗派性的，主要有英国圣公会、德国信义会、美国圣洁会三个教派，其中以英国圣公会传入时间最早并且影响最大。与天主教自上而下的传教方式不同，基督教采用自下而上的传教方式，或设立医院传教，或开办学校传教，或以慈善事业传教等。

英国圣公会原为英国安立间教会，1922 年更名为英国圣公会。1886 年，英籍医生柯达牧师到北海传教并创办普仁医院，一边行医一边向患者传播"福音"，第一批中国教徒是医院收容的麻风病人，在柯达继任者英籍医生李惠来牧师的积极经营下，教会发展迅速，教徒发展到 200 人。1905 年，在普仁医院的东面（今人民医院新建门诊楼原址）建圣路加教堂，同时兴建附属医院麻风院（今北海市海城区和平路 84 号海城区第三小学范围内），还创办贞德女子学校，此后历届牧师都继承办医院、开设学校的传教策略。民国时期，由于传教事业不断扩大，传教士和教徒的不断增加，英国圣公会于 1924 年购买了原英国领事馆及其附属建筑双孖楼作为传教的场所和传教士的居住地。抗日战争时期，广州、香港相继沦陷后，英国圣公会在广州开办的"圣三一中学"曾迁北海办学。英国圣公会在北海城区内设堂口三处，分别在中山东路和高德四街设福音堂各一处，赵屋岭（今玻璃厂与风机厂之间）设"西门堂"一处；在合浦县廉州城南门外建圣巴拿巴教堂，在城内中山路设福音堂和基督教三友社。此外，在合浦县常乐镇、钦州、灵山和武利等地亦分设堂口。

德国信义会原为长老会，总会设在德国，基督教主要宗派之一。该宗派的组织原则是由教徒推选长老与牧师共同治理教会，故称长老会，1922 年更名信义会。信义会在北海地区的慈善事业以办学为主，1901 年该教会开办德华学堂授中文、德文、圣经及体操课程，有教师 3 名，其中 2 名德国教员、1 名中国教员。德华学堂亦分男女两所。男学堂创办于 1901 年，女学堂创办于 1904 年。1905 年，计有男学童 43 名，女学童 15 名。该学堂于 1927 年改称"中德小学"，1945 年又改称信义小学。这些学校经费原由德国信义会资助，后因办学经费等原因，办学常时断时续。

1899 年（光绪十五年），德国信义会派德籍传教士巴顾德牧师到北海传教，在北海崩沙口（今海城区中山东路）建立传教基地，有教徒 130 人，成为北海和合浦的总堂。该会先后开办德华学校，开设印刷所，创办中文报《东西新闻》，在北海扎稳根基后，再向合浦内地推进，相继在廉州、南康、福成、党江等地建立传教据点，至 1949 年，教徒约有 400 多人。1903 年，巴顾德牧师到合浦、南康等地传教，并在廉州赶考街建教堂和校舍，办初级小学一所，名叫"德华学校"，当时招收学生百多人，由传道人李保罗兼任校长，所授课程除与普通学校相同外，每周还加学 2 小时的宗教内容，礼拜日，学生还要参加宗教礼拜活动。后来，德华学校改为德华小学、信义小学。该校还在廉州开办神学班。此外，信义会也曾在合浦乾江办过信义小学，但办学不久又停办了。德国信义会，曾资助合浦信义小学比较出色的学生出国深造或到国内大城市升学，如曾派教会李保罗的儿子李廉光到德国柏林留学，曾派谭文晃、李耀寰等学生去汉口神学院升学等，以培养教会人才。抗日战争胜利后，合浦信义会在德籍牧师鲍间巽的带领下，扩大在廉州的文化教育事业，曾开设图书阅览室，开办幼儿院，成立青年会，还创办孤儿院等。1919 年，德籍欧沛曼牧师到廉州主持教会工作，在合浦城内沙窝街（今合浦县廉州镇定海北路 76 号还珠宾馆内）购地建教堂 1 座，名为"建德园"，也称"德国楼"。信义会最后一位传教士德国人鲍间巽牧师，在任时间最长，培养教士和发展教务最显著。

美国圣洁会，也称美国五旬节圣洁会，兴起于 20 纪初，属美国基督教差会。1910 年，德籍传教士巴顾德脱离德国信义会改入美国新约教会，在今北海城区东一巷朝阳里继续传教，1919 年在合浦廉州下街租赁房屋传教。1923 年美国基督教差会派传教士段惠廉到北海接管美国新约教会，后改名美国圣洁会，此后相继有女传教士皮勒令和伦罗兰、李佐治牧师夫妇和许理佳牧师夫妇来北海主持教务。美国圣洁会在北海和合浦等地进行传教，但影响较小，曾开办建光小学、华美小学、福音堂学塾等学校，但均因经费不足，办学时间不长。

2.2.2 开埠通商

近代北海是南方重要的商贸港口和货物集散地，并设立专门的监管贸易口岸机构，如 1736 年粤海关在廉州海角亭附近设廉州口海关；1871 年在北海设"北海洋关"；1877 年改设北海关，可见当时北海对外贸易的兴盛。而 1876 年北海的开埠，使北海成为广西最早开放的通商口岸城市，是广西四个开埠城市（南宁、北海、梧州、龙州）中最早开放的。

清道光末至咸丰初，因太平天国农民起义，西江梗塞，其航道不畅，广西的北流、百色及云南、贵州等西南地区与珠三角地区的货物往来由内河改道海上，使北海成为滇桂黔的货物集散地与贸易中转站。1869 年（同治八年），北海已有固定航线开往海口、广州、澳门、香港及越南的海防、西贡等地。1876 年中英《烟台条约》签订，辟北海为通商口岸并作为领事馆驻扎所，使北海成为中国较早对外开放的城市之一，北海迅速发展成为商业港口城市、中外商贸往来和文化交融的前沿。北海是英法等国家向我国西南内陆地区进一步获取通商特权的重要跳板，相对于广州来说，北海口岸可使外来货物更加直接地向我国西南内陆地区流通。外国商人以北海港为中转或终点站，开辟定期或不定期的海运航线进出口货物，促进了北海的对外贸易和城市发展，使北海迅速发展成为近代中西文化交融的场所。英国、法国、德国等欧美国家在北海设立领事馆，各国商人和传教士也在北海建立了洋行、教堂、学校和医院等，并在北海建造了最早一批近代建筑，共 17 处 28 座，建筑总占地面积约 10814 平方米，集中分布于两个区域：一个区域位于北海市中心的解放路、中山路、北部湾中路一带；另一区域位于北海市涠洲岛盛塘村和城仔村。

2.2.3 政府机构的积极推广

民国时期（1912—1949 年）是广西沿海近代建筑发展的兴盛期，通过政府机构的积极推广建造了一大批骑楼建筑。骑楼为传统竹筒屋与西洋券廊式建筑的结合体，临街界面的下层用立柱支撑形成柱廊或人行道，二层以上部分出挑，骑跨在人行道上，故名"骑楼"。作为近代建筑的一种商业建筑形式，较适应岭南地区炎热多雨的自然气候，其底层宽敞的走廊能够给行人带来遮阳避雨的便利，其"前店后仓、上宅下铺"的空间布局形式满足了商业功能的需求，其西洋化的沿街立面则是当时建筑时尚化的代表。综合其功能与形式及便利的商业用途，在二十世纪二三十年代岭南地区"市政改良"运动中，骑楼模式被各地政府作为一种城市商业街道的建设制度普及推广，从而导致了广西沿海地区城乡建设出现"泛骑楼化"的城市景观，形成了规模较大、集中成片、特色鲜明的骑楼历史文化街区，如北海老城区、钦州老城区、防城老城区、南康老城区等。并以北海老城区为典型代表，主要有两条骑楼街道：珠海路骑楼街道长 1448 米，骑楼建筑 528 间；中山路骑楼街道长 1775 米，骑楼建筑 608 间。珠海路、中山路是岭南地区直线距离最长的传统骑楼街道之一。骑楼建筑风格主要受口岸开放时期西方各国在北海老城区建造的领事馆、海关、洋行等券柱式外廊建筑的影响，临街立面呈现中西合璧的立面形态。

2.2.4　社会精英的推崇效仿

近代社会精英大多有留学背景或接受过西方文化的教育，是推动西方建筑文化传播的主力军，他们也是社会文化的建构者、主导者。近代广西沿海地区的社会精英包括军政要员、知识分子、商业精英、开明绅士等社会各界知名人士。如军政要员有"八属联军"集团（总指挥邓本殷、副总指挥申葆藩、总参谋长黄植生、右翼指挥官苏廷有等），陈济棠集团（陈济棠、陈维周、陈树坤、陈树雄、郭文辉、林翼中、覃伯棠、彭智方等），陈铭枢集团（陈铭枢、邓世增、张君嵩、香翰屏等）；政界名人有合浦县县长黄知元，钦县、合浦县县长廖国器，防城县县长廖道明，钦县县长许锡清，北海第五区区长刘瑞图等；地方开明乡绅有合浦县的王崇周、灵山县的劳遒猷等；商业精英有合浦县的张午轩、防城县的林凤池等。在建造私人住宅时，西方建筑样式被他们作为一种"时尚"认同推崇和主动汲取，并杂糅在传统建筑的体系中，形成"西皮中骨"的建筑形态。在社会精英的推崇下，建造"洋楼"之风盛行，造型新颖的居住建筑成为城乡风貌中一道靓丽的风景。

2.3　广西沿海近代建筑的发展历程

2.3.1　萌芽期（1840—1875 年）

此时期的外来文化输入以西方宗教传播为主，作为一种文化渗透，宗教传播甚至比经济、军事入侵在时间上还要早，其势力可谓无孔不入，影响范围更广。建筑活动以传教士建造的教会建筑为主，第一次鸦片战争前广西与越南接壤的东兴市就有外国传教士的活动，建于 1832 年的东兴罗浮恒望天主堂便是西方教会在广西沿边地区活动的一个较早教堂。1856 年 2 月在广西西林发生的"西林教案"，引发第二次鸦片战争。通过此次战争，签订《天津条约》《北京条约》，条约规定许可外国传教士在中国境内可以自由传教，租买田地，建造房屋的权利。西方传教士主要以东兴、涠洲岛为传教据点传播西方宗教思想，影响范围遍布北海、钦州、防城港各个城镇。

这一时期，教会建筑开启西方建筑文化对广西沿海近代建筑影响之先河。但是，由于当时天主教宣传的教义和教徒的行为与中国传统伦理相悖，教会与民众之间的矛盾急速升级，民间普遍存在对西方文化的反感，为了缓和民众对西方文化的抵触，除了建筑规制、礼仪较高的主教堂外，神父楼、女修院、附属用房等教会建筑采用了当时传统建筑的排屋式空间布局和中式建筑元素符号。可以这么说，在1876年以前，西方建筑文化对广西沿海近代建筑影响还不太明显，中国的传统建筑理念在整个建筑中还是占了绝大部分，但在传统建筑的一些部位、构件则出现了西方教堂的元素符号。中西方建筑开始彼此接触与碰撞。

2.3.2 发展期（1876—1911年）

由于北海的开埠通商带动了广西沿海地区的发展，此时期广西沿海近代建筑有了较大发展，新的建筑类型不断涌现，出现了较为新颖的西式建筑。建筑活动以外国人建造的政务、商务与居住综合体为主。

1876年，中英《烟台条约》把北海辟为对外通商口岸。此后，西方列强纷至沓来，通过政治、经济、宗教、文化等手段，建立据点，瓜分我国的市场和资源，以达到实行经济、文化侵略的目的。北海对外开放后，海上运输发达，对外贸易兴旺，中外人员来往频繁，中西文化交流也得到长足的发展，随后，商业贸易与城市规模进一步发展，成为中西文化融汇之所和商业繁荣之地。从1877年起，先后有英国、德国、奥匈帝国、法国、意大利、葡萄牙、美国、比利时八个国家在北海设立领事机构、商务机构等。随着西方列强在通商口岸的势力扩大，外国人在北海老城区建造了领事馆、海关、教堂、医院、学校、洋行、住宅等新建筑，如1883年兴建海关大楼，1885年建设英国领事馆，1890年开建法国领事馆，1905年始建德国领事馆，其他如普仁医院、双孖楼、德国森宝洋行、大清邮政北海分局、德国信义会教会楼、会吏长楼、贞德女子学校等则先后建于1886—1905年间。这些西式建筑的出现，成为广西沿海地区真正意义的外来近代建筑，不仅给北海带来西式的建筑风格与技术方式，而且对广西沿海地区近代建筑的兴建与发展起到辐射影响的作用，可以说，通商口岸的外来建筑构成广西沿海地区近代建筑的初始面貌。口岸城市的开放，推动了广西沿海地区近代建筑的发展，出现了新的建筑类型，如海关、洋行、俱乐部、领事馆等一批西洋建筑，而且建造的数量增多，中西方建筑在不断相互借鉴中发展与融合。

2.3.3 兴盛期（1912—1936年）

民国初期，社会较为稳定，经济有所发展，商业相对繁荣。经济的较快发展带动城乡的建设，此时期的建筑活动空前活跃，规模较大，数量最多。主动向西方建筑学习与汲取，并以地方政府推行的骑楼建筑和社会精英建造的居住建筑为典型代表。民国初期，当时的社会是上到政府、下至民众，从政治体制、思想文化、新式教育等方面，形成了一股学习西方文化的思潮。可以说，此时期是西方建筑文化较为全面地影响广西沿海近代建筑发展的时期，开始引进新的建筑结构和新的建筑材料，出现了钢筋混凝土构件的混合结构，钢材和水泥也开始广泛使用。建筑类型从早期的西洋建筑、教会建筑转变为以地方政府主导的骑楼街道建筑、文教建筑和社会精英建造的居住建筑、民众建造的庙宇建筑。学习西式建筑成为当时的一种"时尚"，西式建筑元素被本土工匠杂糅在传统建筑体系中，从而形成"中皮西骨"的建筑形态。

20 世纪 20—30 年代，北海、钦州、防城港陆续开始新建、扩建马路的旧城改造，参照广州推行骑楼模式，制定设计建造章程，采用"前店后仓、上宅下铺"的骑楼模式。骑楼作为一种城市建设制度，在广西沿海地区城镇得以推广。地方政府积极兴办新式教育，社会精英出资建造了一批文教建筑，如北海的廉州府中学堂、合浦图书馆、中山图书馆，钦州的联保小学堂，化龙中学，防城港的东兴明江中学、谦受图书馆等。居住建筑更是被大量建造，北海以梅园、槐园、瑞园为代表。在防城港的陈公馆、叶瑞光旧居、陈树坤旧居、肇英堂、凤池堂、维伯堂等，钦州的苏廷有旧居、冯承堷旧居、敬福堂、光裕堂等是这一地区近代建筑的代表。

大规模的城镇建设也锻造出一些近代建筑本土工匠，出现了私营建筑商，其中最著名的是民国时期陈兆衡开办的"衡兴隆"建筑公司，发展成为当时北海最有影响的私营建筑企业。鼎盛时期的"衡兴隆"有木匠、泥水匠、瓦匠等各类工匠 100 多人，北海许多政府工程及较大的建筑多由该公司承建，其中较具代表性的建筑工程有：1925 年承建的天主教堂圣德修院，1927 年的中山路与珠海路建设、北海合浦图书馆，1930 年承建的北海一中大礼堂，1931 年承建的珠光电力公司，1934 年承建的主教府楼，1945 年承建的抗战胜利纪念亭等[5]。

2.3.4　衰落期（1937—1949 年）

因 1937 年抗日战争的全面爆发波及广西沿海地区，导致社会时局动荡不安、经济衰退萧条，为躲避战乱，一些有经济实力的社会阶层人士，如军阀财团、民族资本家、富商乡绅、政府官员等相继移居海外。此时期的城镇建设停滞，建筑活动逐渐减少，城市中的骑楼建筑、办公建筑、居住建筑基本停止建造，只有在一些偏远圩镇、乡村中的文教建筑、居住建筑有零星建造，但规模不大，文教建筑如南康中学高中楼、合浦师范学校等，居住建筑如豫园围屋、林翼中故居、张瑞贵旧居、李裴依旧居、吴斗星故居等。

2.4　广西沿海近代建筑的发展特点

2.4.1　从沿海沿边向内陆地区扩展

外来建筑文化对广西沿海近代建筑的影响，呈现出以东兴、北海为中心，从通商口岸、沿海沿边地区逐渐向内陆城镇、乡村渗透、扩散与发展的态势。1840 年鸦片战争之前，教会建筑随西方天主教传播输入东兴，相继建造了三座教堂，并以此为据点向防城、上思发展。19 世纪 60 年代开始，法国巴黎外方传教会又在北海涠洲岛建立传教据点，建造教堂，成为广西沿海地区的传教中心，并逐渐向合浦、钦州、灵山、南康、党江等县城、乡镇渗透。此后，西方基督教也开始在北海、合浦设立教会医院、学校、教堂等，传播西方宗教文化。1876 年北海开埠后，西洋建筑开始进入北海，在北海老城区内建造了一批早期的近代建筑，这些建筑形式新颖、造型简洁，与传统建筑形成鲜明的对比，并丰富了北海的城市风貌。至民国时期，北海老城区改造中，将街道两侧商铺屋的立面融入西洋建筑元素符号，形成中西合璧的骑楼。周边地区如南康、合浦、党江、钦州、武利等城镇的街道改造也开始效仿骑楼模式，导致广西沿海城镇街道出现了泛骑楼现象。与此同时，一些社会上层人士如地主乡绅、富商、军阀等在建造住宅时也开始效仿西洋建筑，在传统居住建筑中糅入西式元素，形成"中皮西骨"的建筑形态。

2.4.2 从被动接受到主动学习

广西沿海地区学习西方建筑文化一直没有间断过，经历了一个从被迫接受到逐渐认识，再到主动引进和学习应用的漫长的探索过程。在这一过程中，设计和建造者根据当时的实际情况和条件，采用先从里、后及外，先整体、后部分，先功能、后造型的方法，创造出了一系列中西合璧式的建筑形态。这个探索是根据当时社会所能提供的经济、技术、材料、设计人才等实际条件，以及本着满足社会功能的需要，既满足人们对于学习西方先进科学文化的热情，也满足人们对传统文化的审美习惯等要求进行的，并在各类建筑中逐步加以采用，涉及的建筑类型甚广，涵盖了行政办公建筑、文教建筑、宗教建筑、居住建筑、商业建筑等。随着对外开放的深入和中外文化交流的持续开展，西方建筑的设计理念和结构技术越来越多地影响该地区的传统建筑。例如，设计理念上的逐渐转变，将讲求坚固实用、空间简洁、布局紧凑、联系紧密的建筑设计理念与中国传统的建筑审美观念相结合，既能使民众从思想上易于接受这些西化的建筑形式，同时在使用上也能获得更舒适的室内空间；材料和结构上的逐步改变，材料上出现了钢筋、水泥、玻璃等新型材料，结构上存在从砖木承重体系到砖柱、砖墙、桁架相结合的混合承重体系的转变；与时俱进地培养了一批的专业人才和施工人才，建造了一大批在当时经济、技术条件下能够满足生产、生活需要的建筑用房，适应了当时日益扩大的建设需求[6]。

2.4.3 中西建筑文化相互交融

广西沿海近代建筑是广西沿海地区近代对外开放的历史见证，也是中外建筑文化交流的物质成果，充分体现了中西建筑文化相互交汇融合的特点，在营造体系、物质空间、立面形式、建筑构造、材料使用等方面既吸纳了西式建筑的精华部分，又融入了本土建筑的地域特色。在营造体系上，以传统的工匠体系营造为基础，在建筑局部上对西式营造技术进行接纳与吸收，西式建筑的元素符号（如外廊、拱券、檐墙等）被本土工匠糅合到传统建筑的体系中。在物质空间上，以中式传统居住建筑的排屋布局与外廊相结合的空间构成模式。在立面形式上，融汇了中西式建筑元素，中西结合，融汇发展，如中国传统屋顶形式融入檐墙，加入烟囱，丰富了建筑外轮廓线；在檐墙中嵌入牌匾元素，书写建筑名称，赋予人文内涵；在栏杆中嵌入宝瓶或砌筑成花瓶形、方砖形、十字形，虚实结合使其生动活泼；在立柱与横梁交接处用雀替构件衔接，达到和谐自然等。在建筑构造上，将西式柱墙承重、拱券形式、桁架支撑与中式的硬山搁檩、木楞楼面相结合。在材料使用上，新旧结合、中西混用，既有钢材、水泥、铁艺等新型建筑材料，又有竹木、青砖、石灰、黄泥、石材等地方材料。民国时期，在广西沿海地区的大部分市县，在地方政府的主导规划下都兴建具有中西结合特点的骑楼街道，如北海的珠海路、中山路，合浦县的中山路、阜民路，以及钦州的中山路、人民路等。集中成片的骑楼街道，更是反映了中西建筑艺术的相互渗透，具有极高的艺术价值。其不仅突出了岭南建筑风格，而且在传统建筑的基础上加上了流行的西式装饰符号。如空间上采用传统的竹筒屋布局，屋顶采用典型中国民居的红瓦坡顶。但沿街立面是中西合璧的建筑形态，如檐墙、阳台、窗拱券是不同风格和式样的装饰和浮雕，有稍作斜向的招牌墙面，源于中国传统商店的匾额形式，书写不同的商号名称，有些商号还用英文书写。在窗户顶上，饰有弧圆或尖顶的拱券，有些拱券有芒状的太阳纹及多层外沿雕饰线装饰，这些流畅的装饰线条，体现出西式建筑的风格特色。而顶部的檐墙，则是临街墙面最精华的部分，造型生动活泼、形式丰富，装饰元素中西结合、灵活运用，有八卦、葫芦、花瓶、金鱼、蝙蝠、万字纹、方胜纹、回纹等中式元素，也有莨苕、忍冬草、麦穗、藤蔓、叶子等西式元素，更体现了建筑中西合璧的特点。骑楼街道犹如中西建筑元素雕成的艺术长廊，既显得错落有致、对称均衡，又统一协调、和谐整齐。另外，广西沿海地区还同时存在教会建筑、庙宇建筑等中西宗教建筑，也体现了中西建筑文化的兼容。

2.5　本章小结

　　广西沿海近代建筑是特定历史时期中外文化交流的产物，构成了广西沿海近代建筑中西合璧的风格特征，体现了明显的"西方化"与"本土化"相互影响、相互融合，呈现了外来建筑的传播与地方传统建筑的延续两大建筑体系并存的局面。广西沿海近代建筑的发展过程是一个中西文化既相互开放、碰撞冲突，又相互交流整合、吸纳融和的交汇过程，并经历了萌芽、发展、兴盛、衰落四个发展时期，受宗教传播、口岸开放、政府推广、精英效仿等多渠道传播影响的作用，产生了丰富多样的建筑类型。每个时期的建筑发展都有各自的特点，随早期西方宗教传入的教会建筑与本土建筑在碰撞融合中产生，通商口岸的开放促进了西洋建筑在广西沿海地区的传播发展，而后民国时期西洋之风的逐渐盛行，建筑活动空前活跃，受此影响，出现了地方政府机构积极推广的骑楼建筑、社会精英推崇效仿的居住建筑、新式教育兴起的文教建筑和民众建造的庙宇建筑等。新结构、新技术、新材料的引入与应用致使近代建筑类型在结构构造上、体量造型上有更多的变化，使得广西沿海地区城乡风貌与建筑形态呈现异彩纷呈的局面。

◎ **本章参考文献**

[1] 杨秉德. 中国近代中西建筑文化交融史 [M]. 武汉：湖北美术教育出版社，2008.

[2] 广西地方志编纂委员会.《防城县志》[M]. 南宁：广西人民出版社，1993.

[3] 梁鸿勋. 北海杂录 [M]. 香港：中华印务有限公司，1905.

[4] 广西地方志编纂委员会. 广西通志·宗教志 [M]. 南宁：广西人民出版社，1995.

[5] 莫贤发. 北海老城区骑楼建筑形态研究 [M]. 南京：东南大学出版社，2018.

[6] 周坚，陈顺祥. 西方建筑文化对贵阳近代建筑发展的影响 [J]. 建筑学报，2012（10）：88-91.

第3章 广西沿海近代建筑的类型与实例

3.1 广西沿海近代建筑的类型及分布

广西沿海地区因受影响的外来文化来源多元、传播途径多样、接受方式不同，导致该地区产生了丰富多样的建筑类型，且分布极为广泛，使城乡风貌总体呈现异彩纷呈的局面。按使用功能及建造者身份的不同分类，广西沿海近代建筑可分为外国人建造的西洋建筑、传教士建造的教会建筑、地方政府建造的办公建筑及其推广实行的骑楼建筑、社会精英推崇效仿的居住建筑、学校学堂建造的文教建筑、普通民众建造的庙宇建筑七大功能类型（表3-1）。我们对现存近代建筑分类统计，西洋建筑有6处，主要有海关、领事、洋行等，主要分布在北海市老城区。办公建筑有2处，分布在北海市老城区、防城港市防城区。教会建筑有16处，主要有教堂、医院、学院等，主要分布在北海市老城区、合浦县城、东兴市。骑楼建筑有8处，以街区的形式出现，主要有北海老街区、合浦老街区、钦州老街区等。文教建筑有14处，主要是图书馆、教学楼两种，主要分布在合浦县城、防城区。庙宇建筑有3处，北海市海城区、合浦县乾江镇、钦州市灵山县各有一处。居住建筑有48处，数量占总数近一半，是广西沿海近代建筑的主要类型，形式多样，有独立式、骑楼式、庭院式、碉楼式，各个市县、圩镇、乡村均有分布。

表3-1 广西沿海近代建筑类型分类

建筑类型	建筑实例	地 址
西洋建筑 （6处）	北海关大楼	北海市海城区海关路6号
	英国领事馆	北海市海城区北京路1号
	法国领事馆	北海市海城区北部湾中路32号
	德国领事馆	北海市海城区北部湾中路6号
	德国森宝洋行	北海市海城区解放路19号
	双孖楼	北海市海城区北京路1号北海市第一中学校园内
办公建筑 （2处）	大清邮政北海分局	北海市海城区中山东路204号
	防城工商联合会	防城港市防城区教育路95号

建筑类型	建筑实例	地　　　址
教会建筑（16处）	罗浮恒望天主堂	东兴市东兴镇楠木山村恒乐屯
	竹山三德天主堂	东兴市东兴镇竹山村三德组
	江平天主堂	东兴市江平镇江龙村
	涠洲盛塘天主堂	北海市海城区涠洲镇盛塘村
	涠洲城仔教堂	北海市海城区涠洲镇城仔村
	北海天主堂	北海市海城区解放里下村2号
	女修院	北海市海城区和平路83号
	主教府楼	北海市海城区公园路1号
	普仁医院	北海市海城区和平路83号北海市人民医院内
	会吏长楼	北海市海城区和平路83号北海市人民医院内
	贞德女子学校	北海市海城区和平路83号北海市人民医院内
	德国信义会教会楼	北海市海城区中山东路213号
	旧高德小学	北海市海城区高德三街92号
	德国信义会建德园	合浦县廉州镇定海北路76号还珠宾馆内
	德国信义会德华学校	合浦县廉州镇中山路40号
	福音堂学塾	合浦县廉州镇白石场街46号廉州镇中心幼托园内
骑楼建筑（8处）	北海老街区	北海市海城区中山路、珠海路
	南康老街区	北海市铁山港区南康镇解放路、胜利路、沿江路
	婆围老街区	北海市铁山港区营盘镇婆围村
	合浦老街区	合浦县中山路、阜民路
	党江老街区	合浦县党江镇东安街、中安街、西安街
	钦州老街区	钦州市钦南区中山路、人民路
	防城老街区	防城港市防城区镇夏路、中山路
	那良老街区	防城港市防城区那良镇人民路
文教建筑（14处）	合浦图书馆	北海市海城区北部湾中路17号北海市第一中学校园内
	南康中学高中楼	北海市铁山港区南康镇南康中学校园内
	廉州府中学堂	合浦县廉州镇文蔚坊31号廉州中学校园内
	廉州府中学堂图书馆	合浦县廉州镇文蔚坊31号廉州中学校园内
	中山图书馆	合浦县廉州镇东圩97号合浦师范校园内
	扁舟亭	合浦县廉州镇东圩97号合浦师范校园内

续表

建筑类型	建筑实例	地　址
文教建筑 （14处）	真如院	合浦县公馆镇公馆中学校园内
	联保小学堂	钦州市钦北区小董镇文化路 8 号
	化龙中学旧校舍	钦州市灵山县石塘镇化龙中学内
	合浦师范学校旧址	钦州市浦北县寨圩镇寨圩中学内
	谦受图书馆	防城港市防城区教育路防城中学内
	防城中山图书馆	防城港市防城区中山路
	明江中学图书楼	东兴市东中路东兴中学内
	明江中学教学楼	东兴市东中路东兴中学内
居住建筑 （48处）	瑞园	北海市海城区和平路东二巷 2 号
	梅园	北海市海城区中山东路 202 号
	邓世增公馆	北海市海城区中山东路 191 号
	邓世增故居	北海市铁山港区营盘镇玉塘村 51、52 号
	永济隆	北海市海城区珠海东路 172 号
	许锡清公馆	北海市海城区新安街 5 号
	东一药局	北海市海城区中山东社区东一巷 2 号
	杨天锡故居	北海市铁山港区南康镇朝阳街 83—89 号
	将军楼	北海市铁山港区南康镇团结路 64 号
	八角楼	北海市铁山港区南康镇花园路
	槐园	合浦县廉州镇康乐街 1 号
	林翼中故居	合浦县白沙镇油行岭村
	张午轩故居	合浦县廉州镇阜民南社区惠爱西路 89 号
	冯子材故居	钦州市钦南区沙尾街 133、134 号
	苏廷有旧居	钦州市钦南区占鳌巷 52 号
	冯承垿旧居	钦州市钦南区四马路 2 号
	敬福堂	钦州市钦南区占鳌巷 8 号
	光裕堂	钦州市钦南区新兴街 27 号
	黄知元故居	钦州市钦南区城内街二巷 17 号
	刘成桂旧居	钦州市钦南区一马路 111 号 1 单元 1 幢
	郭文辉旧居	钦州市钦南区龙门港镇人民政府大院内
	申葆藩旧居	钦州市钦南区龙门港镇龙门港东村

续表

建筑类型	建筑实例	地　址
居住建筑 （48处）	黄植生旧居	钦州市钦南区黄屋屯镇屯兴街111号
	张锡光故居	钦州市钦南区那彭镇六湖村委六湖村
	张瑞贵旧居	钦州市钦北区贵台镇那统村小学内
	新大塘龙武庄园	钦州市灵山县灵城镇三海街道办龙武农场内
	榕树塘廖家大院	钦州市灵山县三隆镇关塘村委榕树塘村
	龙窟塘陈家大院	钦州市灵山县檀圩镇龙窟塘村委龙窟塘村
	司马塘宁家大院	钦州市灵山县灵城镇灵城街道粮所
	榨油屋小洋楼	钦州市灵山县新圩镇萍塘村
	邓政洽故居	钦州市灵山县新圩镇萍塘村
	香翰屏故居	钦州市浦北县石埇镇坡子坪村委老城村
	豫园围屋	钦州市浦北县寨圩镇兰门村委龙潭坡自然村
	吴斗星故居	钦州市浦北县福旺镇莞塘村
	谢家五凤堂	钦州市浦北县龙门镇平洞村平洞小学内
	肇英堂	防城港市防城区教育路
	维伯堂	防城港市防城区中山路188号
	陈树坤旧居	防城港市防城区人民路
	凤池堂	防城港市防城区茅岭镇茅岭村茅一组2号
	叶瑞光旧居	防城港市防城区那良镇解放路50号
	覃伯棠旧居	防城港市防城区那良镇人民路69号
	沈贵方旧居	防城港市防城区那良镇人民路54号
	郑日东故居	防城港市防城区那良镇兴宁路25号
	巫剑雄故居	防城港市防城区那良镇永安路11号
	杨南昌庄园	防城港市防城区那良镇范河村
	廖道明故居	防城港市防城区那良镇滩散村
	陈公馆	东兴市永金街5号
	李裴侬旧居	东兴市江平镇解放路
庙宇建筑 （3处）	高德三婆庙	北海市海城区高德三街92号对面
	乾江东西楼	合浦县乾江镇乾江中学校园内
	大远梁公祠	钦州市灵山县烟墩镇大远村

3.2　西 洋 建 筑

西洋建筑类型为外廊建筑。外廊建筑亦称外廊样式、殖民式建筑，最初是英国殖民者为适应印度、东南亚地区炎热多雨的气候环境而建造的带有一圈拱券回廊的建筑式样，并逐渐在亚洲其他地区盛行。外廊建筑被称为中国近代建筑的原点，是近代建筑一种特殊的建筑类型，最早在我国的澳门、广州十三行出现，1842 年以后，作为一种时尚的建筑式样，开始在五口通商城市及闽粤沿海地区流行[2]。而券廊建筑属于外廊建筑的范畴，立面造型上以连续的拱券造型为主要特征。1876 年中英《烟台条约》辟北海为通商口岸，外国人在北海设立机构，采用券廊样式建造了海关、领事馆、洋行等西洋建筑。这些建筑一般为两层，少数一层或三层，占地面积不大，平面呈简单方形或长方形，带有宽敞的外廊，多为西式四坡屋顶形式，底层设有地垄层或台基，功能上多数是商务办公、政务办公与生活居住的综合体。

3.2.1　英国领事馆

1876 年中英《烟台条约》规定："由中国议准，在湖北宜昌、安徽芜湖、浙江温州、广东北海（今广西北海）四处增开通商口岸，作为领事官驻扎处所"。1877 年，英国在北海设立领事馆，成为近代西方国家在北海设立的第一个领事馆。英国领事馆现位于北海市海城区北京路 1 号，始建于 1884 年，由英国领事馆第二任领事阿林格（C. F. R. Allen）聘请英国建筑师负责设计建造，1885 年竣工并投入使用，被誉为当时"英国在中国建造的最坚固的外国建筑"。英国领事馆是一座两层券廊式建筑（图 3-1），建筑为两层，高

图 3-1　英国领事馆（笔者拍摄）

11.1 米，砖木结构，坐东朝西，四坡顶，平面呈长方形，长 27.3 米，宽 12 米，建筑面积 655.2 平方米（图 3-2）。

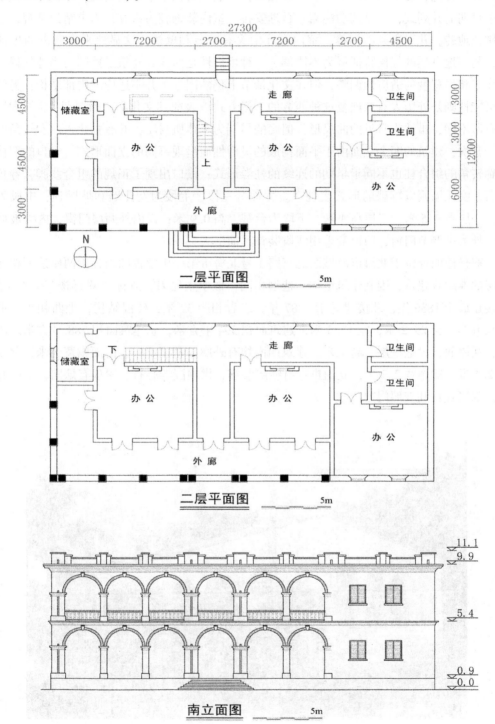

图 3-2　英国领事馆平面、立面图（笔者自绘）

　　和早期外廊式建筑相比，英国领事馆无论在平面布局、外廊形式、立面造型上均有较大差异。首先，在平面布局上一、二层相同，均表现为三个单元的组合，在构成方式上不同于早期的并列式，而是按功能需求合理安排。室内装饰较为讲究，力求精致美观，地面铺拼花地砖，花岗岩条石门槛，室内客厅中央有壁台和壁炉，这显然来自欧洲的生活方式，与当地炎热的气候特征极为不协调。一种可能性是西洋式建筑虽然因为当地气候特点而作了相当程度的适应性调整，但在文化情节上仍然固守了并不适应的内部结构；另外一种可能性则是外国人有意恢复这种西方的生活方式以表征其文化的"优越性"。外廊形式也有所不同，虽然为常见的曲尺形，但廊的尽端为墙体所封闭，并有强化入口和转角的现象。其次，建筑的四个立面由于平面构成的灵活性而呈现不同的立面形式，入口的双柱和外廊转角的组合柱也不同于早期的连续的柱券形式；檐口出现了正规的组合线脚，券顶有券石，女儿墙则以雉碟的形式表现[1]。立面分三段，上段为女儿墙和坡屋顶，中段为楼身，一层高 4.5 米，二层高 4 米，下段为台基，高 0.9 米；设内外两层门窗，内为玻璃门窗，外为可调节门窗，门窗套采用线脚装饰，简洁大方。

　　双孖楼旧址位于北海市海城区北京路 1 号北海市第一中学校园内，为两座造型相同的单层的券廊式建筑，因其建筑结构、造型相同，似孪生兄弟，故称"双孖楼"（图 3-3）。南楼建成于 1886 年，北楼建成于 1887 年，二者相距 32 米，砖混结构，坐西朝东。平面呈长方形，长 29.2 米，宽 13.5 米，建筑面积 394 平方米，总建筑面积 788 平方米。四坡顶，瓦屋面，设地垄层，高 1 米。建筑四面均有外廊，宽度不一，南面廊宽 3 米，北面廊宽 2.4 米，侧廊宽 2.7 米，立面拱券有线脚装饰，拱顶嵌券心石。屋顶有烟囱，室内有壁炉，双层式百叶玻璃门窗。

图 3-3　双孖楼（笔者拍摄）

双孖楼原是英国领事馆的宿舍楼，1922年英国领事馆撤出北海后，交由基督教英国圣公会使用，供英国传教士居住。抗战期间，广州教会学校"圣三一"中学曾迁至该旧址办学。1940年后，双孖楼曾先后为五所中小学的校址。1949年后，该旧址曾为新民中学、北海市第一中学使用，现为北海市第一中学的教师宿舍。1998年，北海市第一中学对双孖楼南楼建筑进行加固改造后，作学校办公室使用。2008年至2009年，北海市文物局对双孖楼北楼进行修缮。2016年10月，对双孖楼南楼进行维修，主要是对旧址建筑本体的屋顶木构件、天花、瓦面、楼地面、内外墙面等进行修缮恢复。

3.2.2 德国领事馆

德国领事馆建成于1905年，现位于北海市海城区北部湾中路6号，是北海现存3座领事馆中保存最为完好的（图3-4）。德国于1886年在北海设立领事机构。在未建领事馆办公楼之前，德国领事事务委托英国领事馆代理。1902年始派遣领事进驻北海，并租借英国税务司公馆办公，1905年8月才迁入新建领事馆。因第一次世界大战爆发，德国领事于1917年撤离北海，馆署被转卖。1937年至1948年为广东盐务局管辖的白石盐场公署所在地。1950年由北海市人民政府作为市党校使用。1983年转交给北海市工商银行作为办公楼使用。1994年至2010年北海市工商银行将其作为幼儿园使用。2014年北海市文物局曾对旧址屋顶、楼地面、内外墙、门窗等进行修缮，下一步拟建成北海近代中西文化系列陈列馆之金融历史陈列馆。

图3-4　德国领事馆（笔者拍摄）

德国领事馆是一座两层的券廊式建筑（图3-5），砖木结构，四坡屋顶，坐北朝南，平面呈方形，南北长23.16米，东西宽18.88米，总占地面积518.5平方米，建筑面积1362.9平方米。此建筑共三层，一层为地垄，高2米，二、三层为功能用房，平面布置基本相同，二层高 4.67 米，三层高 3.62 米，四面均设有外廊，宽 2.5 米，四面坡屋顶，高 2.5 米，主入口位于南面，设有门廊与主楼相接，门廊东、西两侧各有长 10 米的弧形台阶，次入口位于东面，设有一座楼梯。室内布局以过厅为中心，办公室居前，卧室在后，卫生间设在转角处。空间前后、左右贯通。

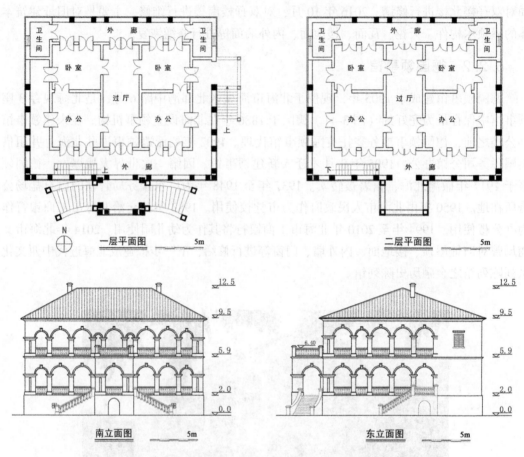

图 3-5　德国领事馆平面、立面图（笔者自绘）

3.2.3　北海关大楼

北海关大楼现位于北海市海城区海关路 6 号。1877 年 4 月英国在北海设立北海关，英籍吉德为首任税务司，原先租用民房进行办公，之后兴建办公楼、验货厂、监察长楼、税务司公馆、海关洋员宿舍及俱乐部等建筑，现仅存办公楼，即北海关大楼（图 3-6），旧称"北海洋关"，是广西近代"四大海关"（北海海关、龙州海关、梧州海关、南宁海关）中最早建立的海关。1949 年作为北海海关办公楼。2006 年北海海关搬迁至新办公楼办公后，北海关大楼一直闲置至今。2008 年对北海关大楼旧址进行了全面修缮。2015 年对该建筑周边进行风貌改善建设，2020 年 12 月建成北海近代中西文化系列陈列馆之海关历史陈列馆。

图 3-6　北海关大楼（笔者拍摄）

北海关大楼建成于 1883 年，是广西沿海地区最早的一座西洋建筑，至今已有 130 多年。它是一座三层的券廊式建筑（图 3-7），座北朝南，砖木结构，平面呈方形，长宽均为 18 米，占地面积 362.4 平方米，建筑面积 1010.4 平方米。大楼的底层用作储物室，南面有 "T" 形花岗石阶梯通往二楼。二层为普通职员的办公室，三层作为当时海关官员及秘书办公室。二、三层设有外廊，宽 3 米，三层外廊在东西两侧被隔断。室内有壁炉和壁台。楼顶中间为方形的四坡瓦顶，四周有宽 2~3 米的回形天台。

3.2.4　德国森宝洋行

洋行最初是指经营洋货的中国商行，也称洋货行，后逐渐演变为外国人在华开设或委托代理从事进出口货物的商业机构。我国最早的洋行是 1782 年在广州成立的柯克斯·理德行（怡和洋行前身）。1876 年北海开埠，英国瑞昌洋行是首家进驻北海的外国商行，随后出现森宝洋行、捷成洋行、太古洋行、怡和洋行、旗昌洋行等近 20 家洋行。在众多洋行中，德国森宝洋行是唯一一座至今保存完好的洋行建筑，现位于北海市海城区解放路 19 号。1886 年，德国商人森宝（音译，犹太人）来北海设立洋行，专办煤油贸易及代理招工出洋等业务，是当时北海最大的洋行。1914 年森宝洋行变卖后，曾被作为两广盐务稽查支处办公署。1949 年作为广东湛江专区干部疗养院。1959 年至 1962 年，作为广东湛

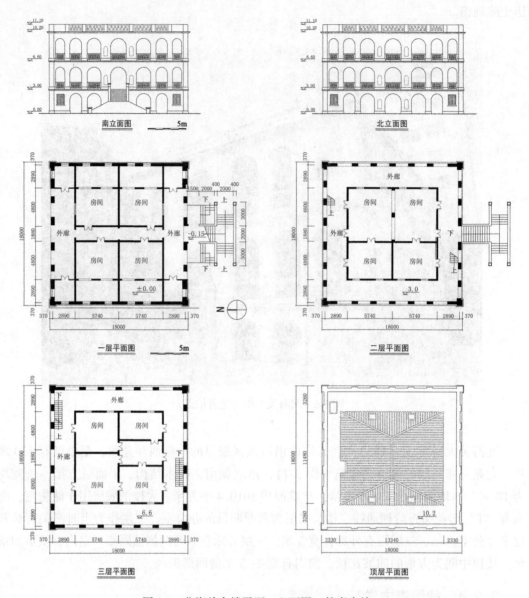

南立面图　　5m

北立面图

一层平面图　　5m

二层平面图

三层平面图

顶层平面图

图 3-7　北海关大楼平面、立面图（笔者自绘）

江专区北海水产学校的校址。1963 年至 2014 年，交由北海市文化部门使用，曾作为北海市珍珠博物馆、北海市文化局办公楼以及北海市文化市场综合执法支队办公楼。2014 年交由北海市文物局管理。2007 年、2014 年北海市文物局曾两次对森宝洋行旧址进行修缮。2016 年 5 月，德国森宝洋行旧址开辟为北海近代中西文化系列陈列馆之洋行历史陈列馆。

　　森宝洋行由主楼和副楼组成（图 3-8 ~ 图 3-10），主楼建成于 1891 年，副楼建成于 1904 年。主楼是一座二层券廊式建筑，进深 18.16 米、面阔 12.74 米，设地垄，高 2 米，建筑面积 463 平方米，四面坡屋顶，瓦屋面。副楼与主楼风格相同，只有一层，进深

20.42 米、面阔 15.63 米，建筑面积 322 平方米，设台基，高 0.5 米，建筑面积 320 平方米。主楼与副楼之间有长 6 米、宽 2.85 米的二层连廊相连。

图 3-8　德国森宝洋行主楼（笔者拍摄）　　　图 3-9　德国森宝洋行副楼（笔者拍摄）

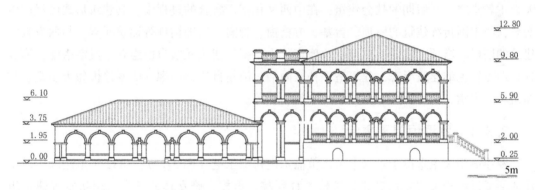

图 3-10　德国森宝洋行南立面图（笔者自绘）

3.3 教 会 建 筑

　　教会建筑是指其建筑及相应的活动隶属西方教会管辖，并在其使用期间或多或少具有宗教传播作用的建筑，既包括西式教堂建筑，又包括教会学校建筑（如修道院、学堂），公共事业建筑（如医院、孤儿院、育婴堂）及教士居所等。中国近代教会建筑以西式建筑的空间模式、构图法则和建筑技术为基础，融合中国传统建筑语汇，使建筑形态呈现中西混合的特征。由于教会高度完善的组织系统，以及教会建筑对教会礼仪的承载，广西沿海地区近代早期的教堂建筑主要采用西方教会本土的教堂样式，如东兴罗浮恒望天主堂、涠洲盛塘天主堂、涠洲城仔教堂。随着传教活动的广泛开展，教堂建设活动日趋频繁，更多地采用外廊与排屋相结合的样式，建造教堂、学校、医院、居所等除主教堂外的教会建筑。这些教会建筑选取地方元素，以地方建筑为蓝本展开适应性设计，融合中国传统建筑语汇，同时表现对地方建筑材料和工匠技术的适应性，使建筑形态呈现中西混合的特征，从某种程度上推动了近代教会建筑形式的多样性发展[2]。原因估计有三，其一，为迅速扩大传教事业，外廊式建筑建造方便，适应性强而被首先采用；其二，外廊样式在功能上符合活动空间的使用要求及通风、采光等建筑物理要求；其三，上述现象被视为一种有计划、有目的的建筑策略，以使教会建筑在中国文化背景下调适。

影响广西沿海地区近代教会建筑的风格主要有哥特式和罗马式。哥特式风格的特点在于尖券、交叉肋状的拱顶、小尖塔、飞扶壁、骨架结构、屋顶小尖饰、线条轻快的尖券门等；在建筑体量上，建筑越往上划分越细，使建筑显得更加高耸挺立，如涠洲盛塘天主堂、涠洲城仔教堂等。罗马式风格的特点是采用典型的罗马式拱券结构，主要表现为半圆拱券门窗、门洞，逐层内收的圆弧形拱环装饰、连拱柱廊等。这种风格在东兴罗浮恒望天主堂建筑中表现得较为明显。

广西沿海近代早期的教会建筑，尤其是教堂，建筑规模大、型制正宗、建造质量高，建筑风格特征明显，往往成为展示西方宗教建筑的窗口，如涠洲盛塘天主堂是当时全国四大天主教堂之一。后期的教会建筑，在中西文化交汇融合的过程中，其建筑形式已经产生变异，将中国传统建筑的屋顶、台基、方格窗、牌匾、装饰构件等建筑元素，与西方教堂建筑的塔楼、穹顶、柱式、拱券、玫瑰窗、十字架等建筑元素自由组合、灵活搭配，形成具有地方特色的建筑形态，建筑造型朴素简洁、清新自然，如现存的罗浮恒望天主堂、涠洲盛塘天主堂、会吏长楼、德国信义会教会楼等。

3.3.1　罗浮恒望天主堂

罗浮恒望天主堂位于东兴市东兴镇楠木山村恒乐屯（图3-11），1832年由法国传教士建造。罗浮恒望天主堂由教堂、钟楼、育婴院、男校、修女楼、圣堂、织纺堂等建筑组

图 3-11　罗浮恒望天主堂（图片来源：梁志敏《广西百年近代建筑》[3]）

成,现仅存教堂、钟楼。教堂坐东南朝西北,砖木结构,长25米,宽20米,高8米。主立面中轴对称,有5个拱券形门洞组成,建筑形态独特,双柱式的运用是教堂立面造型的一大亮点,带有明显的罗马风格的塔斯干柱式,搭配中式元素的柱础组合,造型优美,起到强化建筑主入口的作用。立面正中央有一个直径约1.6米的圆形玫瑰窗配以中式图案装饰,顶端为中式牌匾型檐墙压顶,上立天主教的十字架。建筑平面为长方形"巴西利卡"形制,室外两侧设有连拱外廊,两侧外廊柱顶各设5个小尖塔,每个塔尖顶部均立十字架。整个教堂具有造型丰富、古朴秀美、对称协调、典雅大方的形式美感。拱券形的窗户也吸收了中式元素,在窗框内饰有中国传统书法中变形的"寿"字。钟楼为三层,位于主教堂的南侧,长5米,宽4米,高12米,屋顶为塔尖形式,内部设一组台阶通上钟楼二、三层,顶端挂着一口大铜钟,为做弥撒敲钟所用。钟楼造型别致简朴,但整体色彩修复成粉红色与白色相间,与原建筑色彩相差甚远,在一定程度上破坏了钟楼的历史风貌。总体来看,教堂的形态特征充分体现了中西融合的痕迹。

在西方教堂中融入中国传统元素,反映出西方教会巧妙的传教手段,中国人自古以来有着较为深厚的吉祥文化情怀,通过这种融入中国传统文化元素的装饰形式,入乡随俗地迎合中国人的这种心理追求。如一些近代外籍的建筑师墨菲等,将中式屋顶和纹样装饰结合西式墙身做出中西结合的建筑,以表示对当地传统文化的尊重。突破传统的文化壁垒,可以争取当地民众更多的认同,发展更多本土教徒。

3.3.2 涠洲盛塘天主堂

盛塘天主堂位于北海市海城区涠洲镇盛塘村,始建于1869年(清同治八年),由法籍传教士范神父亲自主持兴建,历时十年,直至1880年(清光绪六年)才建成,是一座朴素典雅、具有哥特式风格兼具地方特色的教堂。涠洲盛塘天主堂是由教堂、神父楼、女修院、孤儿院及附属用房5座建筑组成,用围墙围合而成的建筑群,总占地面积约6448平方米,总建筑面积约2000平方米,砖石木混合结构,是北部湾地区近代规模最大的教会建筑。2001年列为全国重点文物保护单位。

教堂(图3-12)坐北向南,建筑面积955平方米,高21米。在空间模式上,遵循西方宗教建筑中轴对称,保留了以山墙面为主入口及大厅巴西利卡式的建筑形制。空间划分上以礼拜功能为核心,沿礼拜大厅为主的宗教空间纵向展开,强调纵向序列的空间格局。平面简洁,呈长方形,面阔三间,宽16.2米,进深九间,长58.9米,形成由门厅—大厅—祭坛间组成的纵向空间序列,大厅为巴西利卡形制,由两排列柱划分为三个长方形的纵向空间,进一步强化室内空间的纵深感。在中轴线的尽端为祭坛间,设祭台一座,祭坛后墙体呈弧形,设三个尖拱窗,以突出祭坛的中心地位及耶稣的神圣形象。总体而言,在西方宗教建筑形制的基础上有所调适,空间比较统一单纯,注重实用功能。构图法则上,整体表现为竖三段、横三段式的正立面构图,通过竖向立柱、水平装饰腰线将其划分为左中右、上中下各三段。

以单钟楼居中统领立面的中心式构图,钟楼由顶部四角小尖塔上层尖券窗、中层玫瑰

图 3-12 盛塘天主堂（笔者拍摄）

窗与下层尖券门组成，以强化教堂的垂直感与向上感；采用适度、适用人居尺度系统，层高及构件尺寸合乎常规，尺度相对合理，一层高 4.2 米，二层高 3.6 米，三层高 3.3 米，大门宽 2 米，高 3.6 米，侧门宽 1.5 米，高 3.3 米，从而形成亲切宜人的建筑立面及其神圣空间，造型元素整体统一，以变异的尖拱造型为主，尖拱式屋顶、尖拱式门窗、尖拱式栏杆、尖拱式柱顶等，同时融入了汉字、牌匾等中国传统建筑元素，反映出西方宗教文化融入地方的愿望与需求；装饰较为质朴、装饰简化，仅保留"形"的装饰，似乎受到经济、技术约束所致，并出现了中国化的菱形纹、花卉装饰符号。建筑构造上，砖石木混合结构，结构体系由火山灰块石的骨架券和飞扶壁组成，飞扶壁由大厅外侧的柱发券平衡中厅拱脚的侧推力。主教堂是由柱墙、横撑件（类似飞扶壁）共同承重的结构方式，一系列尖拱组成支撑体系，硬山搁檩的坡屋顶、瓦屋面的构造形式。扶壁柱（图 3-13）、内柱、墙体作为主要承重构件，使用尖拱支撑屋顶并将荷载传递给柱墙。砖墙使用较少，仅在钟楼二层以上用青砖砌筑，以减轻钟楼自重，在中厅、钟楼与侧廊外部用斜撑构件连接，减轻中厅尖拱支撑屋面、钟楼墙体的侧向推力。在材料使用上，就地取材，用岛上的火山灰石块和珊瑚石为主材，石柱、石墙、石斜撑件、石门窗框，石砌门窗框也起支撑受力作用，以增强建筑的抗压性与稳定性；采用火山岩石砌筑立柱；用珊瑚石、黏土、红糖、糯米混合材料夯筑墙体；用黄泥、海沙自制砖瓦；用螺壳灰、石灰粉墙、装饰灰雕，竹木加工用作桁条、椽子。

教堂东面的神父楼（图 3-14），作为神父起居生活和处理日常教务的场所，是一座二层的券廊式建筑，坡屋顶，砖木结构，拱券顶部中央设拱心石，有一堵墙与教堂共用承重，神父楼的东面是修女院和孤儿院。修女院平面呈长方形，坐北朝南，高两层。孤儿院在修女院的西边，平面也大致呈长方形，坐西朝东。在修女院和孤儿院之间有拱廊连接。

在孤儿院的后面（西侧）是一幢附属用房，单开间，硬山搁檩，板筒瓦砂浆裹垄做法，室内屋面使用桁架承檩，墙体为珊瑚石黏土混合材料夯筑。

图 3-13　教堂室内（笔者拍摄）　　　　　　　　图 3-14　神父楼（笔者拍摄）

3.3.3　普仁医院

普仁医院，又称英国医院，创建于 1886 年，现位于北海市海城区和平路 83 号北海市人民医院内，是我国县市一级最早、西南地区首家西医院，也是我国最早建立附属麻风院的医院。1952 年更名为北海市人民医院。至今已有 130 多年的历史。1886 年基督教英国圣公会为了在北海传播基督教，派英籍传教士柯达医生到北海传教并创办了普仁医院。普仁医院现存医生楼、八角楼、会吏长楼、贞德女子学校 4 座建筑，2001 年被列为全国重点文物保护单位。

医生楼为一栋两层的券廊式建筑（图 3-15、图 3-16），坐北朝南，四坡屋顶。平面呈

图 3-15　医生楼（图片来源：北海市档案馆）

长方形，长 26.2 米，宽 12.9 米，高 12.2 米，地垄高 0.8 米，占地面积 335.4 平方米，建筑面积 676 平方米。东、南、西三面设有外廊，廊宽 1.8 米。该楼造型优美，拱券顶部中央饰拱心石，门窗线脚雕饰精致美观。楼内中间为居室，隔为四间，底层有地垄，双层门窗，内为玻璃门窗，外为可调节百叶木门窗，设集中式管道排水，建筑后侧外置三角山花柱廊门。医生楼现为北海市人民医院院史展览馆。

八角楼为一座三层的塔式建筑（图 3-17），砖木结构，攒尖顶（后被拆除，改为天台）。楼高 13.2 米，是北海老城区当时的最高建筑物。共有四层，底层为架空层（或称地垄层），高 2 米，第一层为教堂，第二层为医生办公楼，第三层为医生宿舍。平面呈八边形，边长 2.75 米，对称边距 6.7 米，占地面积 37.3 平方米，建筑面积 111.9 平方米。该楼是中国传统建筑与西方现代建筑理念结合的产物，在我国近代建筑史上罕见。

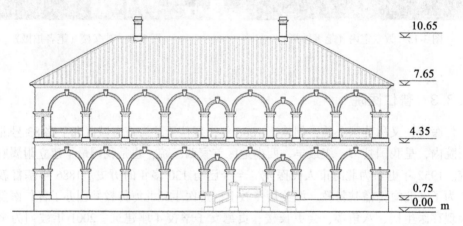

图 3-16　医生楼南立面图（笔者自绘）

图 3-17　八角楼（笔者拍摄）

　　会吏长楼是基督教英国圣公会会吏长居住及办公的场所。会吏长楼建成于 1905 年，是一座二层券廊式建筑（图 3-18、图 3-19），坐北朝南，平面为长方形，长 19.86 米，宽 10.5 米，占地面积 208 平方米，建筑面积 416 平方米，双坡硬山屋顶，南面有外廊，廊宽 2.17 米，廊柱间的拱券有雕饰线。室内设有壁炉，屋顶设有烟囱。立面造型为券柱式，拱券中央有券心石装饰，建筑檐口、腰线、柱廊间的拱券均用线脚装饰。

图 3-18　会吏长楼（图片来源：梁志敏《广西百年近代建筑》[3]）

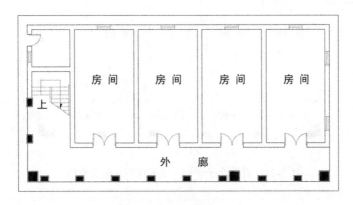

图 3-19　会吏长楼一层平面图（笔者自绘）

　　贞德女子学校的前身是 1890 年基督教英国圣公会开办的女子义学，专教授女童。课程有经书、地理、信扎等，是北海最早的小学之一。1930 年，为纪念两位曾经就读于该学校的女共产党员钟竹筠烈士以及沈卓清烈士，学校更名为贞德女子学校。1952 年，贞德女子学校旧址交由北海市人民医院使用。2001 年，作为北海市人民医院临时图书馆。2002 年至今，作为北海市人民医院后勤科办公用房。贞德女子学校建成于 1905 年，是一座二层券廊式建筑（图 3-20、图 3-21）。坐东朝西，砖木结构，硬山双坡屋顶，平面呈长方形，前檐为券拱式廊道，前廊宽 1.85 米，主体建筑长 16.3 米，宽 8.65 米，建筑占地面积 161.43 平方米，建筑面积 282 平方米。

图 3-20　贞德女子学校（笔者拍摄）

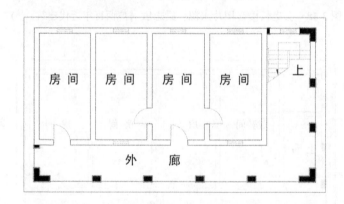

图 3-21　贞德女子学校一层平面图（笔者自绘）

3.3.4　德国信义会建德园

合浦粤南信义会建德园（图 3-22），即称为德国信义会建德园，位于北海市合浦县廉州镇定海北路 76 号，建于 1923 年。德国人为了传教和开展各种慈善事业，在合浦廉州买地建屋，并将此楼取名为"建德园"，当地人称之为"德国楼"。它是一座二层三边外廊样式建筑，砖木结构，四面坡灰裹垄屋面，占地面积 279 平方米，地下设地垄，三面券柱外廊，砖砌券柱式，拱券施以放射状装饰线条，顶部中央饰拱心石，玻璃门窗，地面墁铺花砖，廊柱、拱券、檐口与腰际线脚勾勒，清水红砖墙，灰色勒脚，坡屋顶，女儿墙压檐，正立面三角形山花居中。一层为厅堂，厅堂悬挂华丽的灯饰，室内设供取暖用的壁炉。1993年被列入合浦县文物保护单位。

3.3.5 德国信义会德华学校

德国信义会德华学校（图3-23）位于合浦县廉州镇中山路40号，始建于20世纪30年代，德国信义会撤离合浦后，至1949年底该楼一直作为民国合浦县政府办公大楼使用。占地面积3601平方米，砖木钢混结构，为券柱式外廊二层建筑，平面呈长方形，中轴线左右对称，六根半圆壁柱直贯二层屋面。建筑立面为中间五开间，半圆券柱拱，两侧为尖券柱拱，主入口屋顶为三角山花，墙表抹米黄色灰浆。原民国合浦县政府大院有三进，第一进为中式门楼一排，第二进为西式大楼，第三进为中式平房一排；院内两侧各有一排厢房。

图3-22 德国信义会建德园（笔者拍摄）

图3-23 德国信义会德华学校（笔者拍摄）

3.4 骑楼建筑

骑楼是在北海传统商铺屋（具有竹筒屋的特征形式）的空间布局、平面形式的基础上结合北海早期外廊式建筑的立面造型元素符号（拱券、尖券、外廊、柱式等）演变发展而来的。从功能上看，骑楼是一种"前店后仓、上宅下铺"的商住建筑，而且对南方炎热多雨的气候具有适应性。其下层与街道相邻，既方便招揽生意，又便于展示物品，因而一般用作商铺；楼上则用于居住。由于下层柱廊横跨人行道，这无疑扩大了上层的居住空间，提高了生活的舒适度。此外，南方天气多变，夏季炎热多雨、阳光强烈，而跨在人行道上的骑楼可以给过往的行人提供遮风避雨、纳凉休憩的空间，另一方面也有利于商业活动的开展。

骑楼建筑的特点是平面呈长方形，开间小、面窄、进深大（图3-24）。开间一般在

3~5 米，最宽的 7 米左右。进深一般在 20~50 米，宽与深之比为 1∶5~1∶8，甚至 1∶10 以上。骑楼建筑多为两层或三层，一层以商业为主，一般由前、中、后三部分组成，前为柱廊和店铺，中为天井和中厅（包含楼梯和过道），后为生活储藏部分，主要包括餐厅、厨房和仓库、作坊或两者兼有。二层及以上功能相同，以居住为主，也由前、中、后三部分组成，前为阳台（可设，可不设，依业主而定）、起居室，中为天井和中厅（包含楼梯和过道），后为卧室、天井或露台（图 3-24）。室内的通风、采光、排水及等主要靠天井来解决，同时天井里面都有水井，是日常家务劳作的场所，因此，天井是北海老城区骑楼建筑的标配。根据骑楼建筑的进深，一般设 1~3 个天井不等，在天井一侧有联系前后房间的走道（起交通联系和室内通风作用，当地俗称"冷巷"），个别开间较大的则在天井四周绕以回廊。

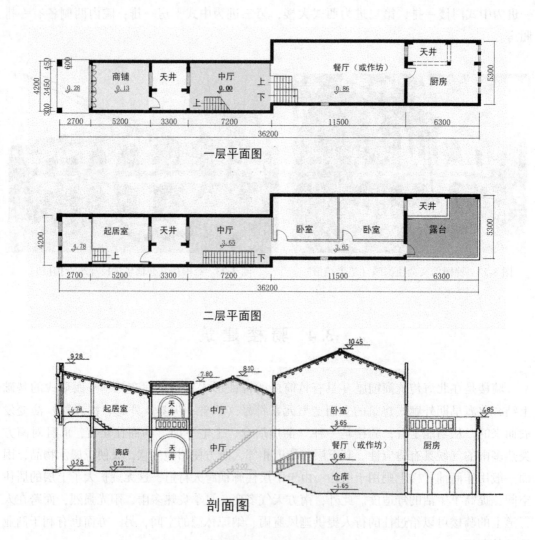

图 3-24　骑楼平面、剖面图（笔者自绘）

骑楼的立面形态具有鲜明的特色，高度一般为二层到三层，按水平划分可以归纳为横三段式构图（上、中、下三段），段与段之间用装饰线脚连接两侧的柱头进行分隔。其中，上段为檐墙，由高出屋面的矮墙并与两侧的矮柱组合成整体。中段为墙体，从一层柱廊顶上的线脚到檐墙下的线脚的部分，由墙面和窗楣、窗户、商业牌匾墙等墙面构件组成。下段为底层柱廊和商铺大门，位于二层的商业牌匾墙之下，柱廊用横梁连接，横梁用形似雀替的构件衔接。[3]立面上有大量装饰线脚，主要位于各段间的分割线和柱头上。虽然骑楼建筑单体形态变化差异性不大，但骑楼建筑之间很少有雷同。骑楼不以单体特色差异而存在，而以气势雄伟的沿街骑楼群体而著称。骑楼街道立面形态具有统一性、整体性、连贯性的特点，统一性表现为统一的地坪高度，统一的各层层高，统一的道路红线，统一的人行廊道。整体性表现为立面构成具有一定的规律，下段底层为连续的骑楼柱廊，中段为连续的商业牌匾和拱券窗或方格窗，上段檐墙也具有很强的相似性。连贯性表现为骑楼建筑间间相接，首尾相连、逶迤连绵，形成整体、统一的骑楼街道立面，宛如一条艺术长廊。

3.4.1 北海老街区

北海老街区也称为老城区、旧城区，是指1949年前形成的城区，它是北海城市的发祥地，始于1855年（清咸丰五年），初步形成于1905年（清光绪三十一年），成熟于民国时期（1925—1931年）。北海老街区现位于北海市城区的北部海岸，紧邻廉州湾海，外沙岛以南，其核心范围东起广东路，西至盐仓路，南起和平路、文明路一段，北至海堤街，整个老城区东西长约2000米，南北进深约300米，面积62公顷。受西洋券廊式建筑的影响，北海老街区内出现了中西合璧的骑楼建筑，并形成以珠海路（图3-25）、中山路（图3-26）为核心的骑楼商业街区。中山路始建于1925年，东起广东路口，西至旺盛路口，全长1775米，宽9米，由中山东、中、西三段组成；珠海路始建于1927年，东起海关路口，西至旺盛路口，全长1217米，宽9米，由珠海东、中、西三段组成。珠海路、中山路是岭南地区直线距离最长、保存较为完好的传统骑楼街道之一。

图3-25 珠海路（笔者拍摄）

图3-26 中山路（笔者拍摄）

3.4.2　合浦老街区

合浦老街区建于民国时期，由阜民路（图 3-27）、中山路（图 3-28）两条骑楼街道组成。其中，阜民路由阜民坊、圩地街于 1933 年改建而成，长约 825 米，宽 8 米，南起文蔚路，北至头甲社。中山路由明清时期的承宣街于 1932 年改建而成，长约 605 米，宽 8 米，东起奎文路，西至上街，为纪念孙中山先生而命名中山路。骑楼建筑一般为两层，少数三层，钢筋混凝土结构，建筑造型大多采用传统岭南建筑的坡屋顶、牌匾、板式移动木门，结合西式三角形山花或长方形檐墙、柱式、拱券窗等，构件元素相仿、建筑形态相似但不雷同。沿街立面均采用横三段式构图，水平方向划分明显，下段为连续的梁柱式柱廊，中段为相同的商业牌匾和连续的拱券窗，上段为檐墙压顶。骑楼街道外观整体统一，地坪线、各层层高及其水平腰线基本一致，具有较强的规律性。建筑材料采用钢筋、水泥新型材料结合青砖、木材、石灰、青瓦等传统材料，装饰工艺较细致、美观。

图 3-27　阜民路（笔者拍摄）　　　　　　　图 3-28　中山路（笔者拍摄）

3.4.3　南康老街区

南康镇是广西首批历史文化名镇，位于北海市东部，西距北海市区中心 41 千米。南康镇历史悠久，据史记载，秦朝已有先民于此生息，至近代，因开设港口、盛产南珠和居民迁徙等原因，由村落、聚居点和街市形成圩镇。南康老街区主要由解放路、胜利路、沿江路三条骑楼街道组成，经历了两个时期的发展，奠定了南康老街区的历史风貌特征[4]。第一个时期是清末时期，该时期形成了胜利路、朝阳路和团结路等街巷，街道宽 3 米。其中，胜利路始建于清道光年间，长约 300 米，有"南康第一街"之称。建筑多为传统民居，砖木结构，以木装饰为主，木门木窗，木挑梁，木质闸门，结合青砖山墙，大多门口设置敞廊。第二个时期是民国时期，1928 年，修建了第一条骑楼街道，名"大街"，宽 9 米，长 600 米，为纪念孙中山先生命名为中山路，1969 年改名为解放路（图 3-29）。该时期形成解放路、沿江路等街巷，建筑以中西合璧风貌的骑楼为主，建筑风格与北海老城区骑楼风格相似,建筑多为两层,临街面为连续的梁柱式外廊,连续的拱券窗户,连续统一的女儿墙,立面整体统一,在统一中求变化,骑楼造型相似而不雷同。

南康老街区是岭南沿海城镇中保存最为完好的骑楼街区之一。南康老街区内现遗存有杨天锡故居、将军楼、八角楼等历史建筑。杨天锡故居位于朝阳街83—89号,建于民国初期,面宽17.4米,进深3米,建筑为两层,高8米,砖木结构,楼面为木板,大门为拖枕门,建筑面积1100平方米。八角楼是南康人庄泰益于1910年建造的,占地面积150平方米,建筑面积420平方米,土木结构,为三层骑楼式住宅。八角楼风格独特,造型新颖,因楼正面建筑呈长半圆形八个角,俗称八角楼。将军楼位于团结路64号,因业主邓世增为抗日将军而得名,建于1912年,是一栋两层骑楼式住宅,占地150平方米,建筑面积300多平方米。

3.4.4 钦州老街区

钦州老街区位于钦州市钦南区钦江西岸,于明嘉靖年间开始设市建街,直至1926年初步形成"目"字形的道路骨架,后陆续建设,形成今天的构架,并逐步成为钦州旧城的中心区。2003年被定为历史街区。老街区主要包括中山路,人民路,一、二、三、四、五马路,现保存较为完整的骑楼街道仅有中山路。中山路建于1934年,建筑多为2~3层,南起三马路,北至一马路。时任钦县县长章萃伦,鉴于城内"商业日盛、商家日强",着手对城区进行全面规划和整治,将钦江边狭窄的壕坝街、下南关街、华安街、惠安街加宽拓直,形成一条长500余米、宽8米的大道,命名为中山路(图3-30)。这里曾经是钦州最繁华的商业街,商行、烟庄、钱庄等大多集中于此。钦州老街区至今没有经历过大规模的翻修,原汁原味地承载着城市发展的印记。

图 3-29 解放路(笔者拍摄)　　　　　图 3-30 中山路(笔者拍摄)

3.4.5 那良老街区

防城港市防城区的那良镇是第七批中国历史文化名镇,始建于清初,是中越边境的一个圩镇，由于它的特殊地理位置，素有"英雄故里、边陲重镇"之美誉。同时，那良也是广西防城港侨乡之一，这里是刘永福、林俊廷、巫剑雄、陈济堂等的故乡。在陈济棠主粤期间（1929—1936 年），那良发展迅速，公路可通汽车，江边建起轮渡码头，客栈、店铺、洋楼等如雨后春笋般拔地而起，成为中越边境经济、文化、交通中心，亦有"小香港"之称。那良老街区由人民路、解放路、兴宁路、永安路 4 条街道组成，并以人民路最具特色。建于 20 世纪 20—30 年代的"江宁街"，今称人民路，也称"法式街"，成为当时那良最繁华的街道，街道宽约 6 米，在此街建屋的主人多是从广州、港澳地区，及国外从政、经商回来的，家底殷实，受中越边境文化的影响明显，所建之住宅多为当时较为时尚的法式洋楼，"法式街"因此而得名，形成了独具特色的中西混合的商住建筑。目前保存完好的具有法式风格的洋楼 20 多处，如叶瑞光旧居、覃伯棠旧居等。

3.5　居住建筑

1911 年以后，西方新的思想文化开始在广西沿海地区广泛传播，受西方建筑文化的影响，一批当时的社会精英阶层自建的居住建筑不同程度地采用了西式建筑元素，且这些元素有时是各个历史时期的不同风格汇聚于一座建筑之上。因建造者对西式建筑的效仿不同，致使居住建筑形式多样，有独立式、骑楼式、庭院式、碉楼式 4 种（表 3-2）。独立式如申葆藩旧居、光裕堂、陈树坤旧居等军政要员的官邸；骑楼式如永济隆、杨天锡故居、覃伯棠旧居等；庭院式如梅园、瑞园、槐园等；碉楼式占地面积较大，均设碉楼，具有较强的防御功能。庭院式与碉楼式均由一个或多个院落组成，建筑外围设置高墙围护，不同的是碉楼式在墙体转角处增设碉楼或炮楼，加强防卫防御作用。庭院式多位于城市里，而碉楼式位于乡村之中。

表 3-2　　　　　　　　　　　　　　居住建筑类型与实例

建筑类型	建筑实例
独立式 （12 处）	许锡清公馆、东一药局、冯承埒旧居、光裕堂、刘成桂旧居、郭文辉旧居、申葆藩旧居、黄植生旧居、张瑞贵旧居、维伯堂、陈树坤旧居、李裴依旧居
骑楼式 （14 处）	邓世增公馆、永济隆、杨天锡故居、将军楼、八角楼、张午轩故居、冯子材故居、苏廷有旧居、黄知元故居、叶瑞光旧居、覃伯棠旧居、沈贵方旧居、郑日东故居、巫剑雄故居
院落式 （12 处）	瑞园、梅园、槐园、敬福堂、榨油屋小洋楼、邓政洽故居、香翰屏故居、豫园围屋、吴斗星故居、谢家五凤堂、肇英堂、陈公馆、廖道明故居
碉楼式 （9 处）	邓世增故居、林翼中故居、张锡光故居、新大塘龙武庄园、榕树塘廖家大院、龙窟塘陈家大院、司马塘宁家大院、凤池堂、杨南昌庄园

3.5.1 独立式住宅

1）申葆藩旧居

申葆藩旧居建于 1919 年，为民国早期军阀申葆藩所建，俗称"将军楼"（图 3-31），现位于钦州市钦南区龙门港镇龙门港东村的山坡上，坐西朝东，高三层，占地面积 2000 平方米，建筑面积 1000 平方米。砖混结构，钢筋水泥楼板，平屋顶，屋顶四角设炮楼。登上楼顶，不仅可以观赏日出日落、潮涨潮落的美景，还可以窥视周边环境及海面的动态。平面略呈方形，长 19.5 米，宽 16.5 米，为三排屋与回廊结合的平面布局形式，中间为厅堂，宽 4.8 米，两侧为卧室，宽 4.2 米，排屋四周设回廊，宽 2.7 米。立面造型变化丰富，均为五开间，南面为梁柱式立面，北面为券柱式立面，中间三个拱券与两侧两个尖券的组合形式，东、西两面为券柱式与梁柱式相结合的立面，中间为单个拱券式，出挑弧形阳台，两侧为梁柱式。砖砌墙体，墙面为浅黄色，檐口施以叠涩线脚装饰，楼面、屋顶、横梁均为钢筋水泥构造，建筑显得格外朴素厚实，目前该楼保存完整。

2）陈树坤旧居

陈树坤旧居位于防城港市防城区人民路镇政府大院内（图 3-32），为民国时期上将陈济棠长子陈树坤所建，建筑坐北朝南，砖混结构，为仿西式风格的三层独立式别墅，高 12.3 米。外墙为青砖砌筑的清水墙，内墙面为灰沙抹面的混水墙。平面呈"凸"字形，面宽三间，长 17.7 米，进深三间，长 14.8 米。主入口位于南面，设门廊，出挑 2 米，四周台阶踏步而上，四根圆形罗马柱（外大、内小）支撑二层阳台。明间内凹，开正门，置硬木拖枨和板门。四根圆柱将明间室内划分为前后两个空间，建筑平面的四角和阳台设有射击孔，罗马柱及拱门的灰塑装饰线脚做工非常精细，地面墁铺防水花阶砖。该楼保存完整，具有较高的科学研究价值。

图 3-31 申葆藩旧居（笔者拍摄）

图 3-32 陈树坤旧居

（图片来源：梁志敏《广西百年近代建筑》[3]）

3.5.2 骑楼式住宅

1）永济隆

永济隆位于北海市海城区珠海东路 172 号（图 3-33），建于 1930 年，业主为陈济隆，广东防城县人（今广西防城港市防城区那良镇），其堂兄为民国军政要员陈济棠。在北海解放前夕，这些曾为国民党"粤桂边区剿匪总司令"张瑞贵司令部所在地，因此永济隆成为解放北海战斗中的一个重要战场，成为北海解放的主要历史遗迹。永济隆是北海老城区钢筋混凝土结构骑楼建筑的典型实例，也是大开间、大进深骑楼建筑的典型代表。

永济隆坐北朝南，钢筋混凝土结构，高三层，屋面为宽阔的天台，四周有砖砌栏杆，建筑面积 1345 平方米，开间宽 7.61 米，进深 58.64 米。该建筑为三层五进的空间布局形式，由南向北可分为五个部分：临街的柱廊空间、前楼、天井、后楼、辅楼。一层柱廊空间平面呈梯形状，上面进深 3.7 米，下面进深 3.2 米，由于开间跨度较大，在立柱内侧的栏杆上增加了两根倚柱以增强柱廊的受力，同时也丰富了立面的构图形式。前楼作为商铺店面对外营业，进深约 16.3 米；后楼作为商铺的仓库，进深约 21.5 米；辅楼为厨房、卫生间部分，进深约 10.6 米。前楼和后楼之间是天井，进深约 6.6 米。天井是室内日常劳作的场所，设有水井。同时，在天井的东侧设有钢筋混凝土楼梯，是联系二、三层的交通纽带，一层为梁板式折跑楼梯，二、三层为梁板式直跑楼梯。二层、三层的前楼均为客室，用于日常的生活起居，后楼为卧室。各层地面均为红白交错的方砖地面。该建筑为钢筋混凝土梁柱结构，其中楼板厚 0.2 米，主梁间有截面 0.33 米×0.55 米，横向主梁，间距在 3.3~3.9 米，主梁间有截面 0.2 米×0.4 米连系梁，间距 0.25 米。

2）覃伯棠旧居

覃伯棠旧居位于防城港市防城区那良镇人民路 69 号，为骑楼式住宅中较具特色的代表（图 3-34），极具法式古典风格，别致而独特。此楼为民国时期两广盐运署主任覃伯棠所建，建筑平面呈长方形，面宽 4.5 米，进深 41.6 米，建筑面积 561.2 平方米，因其开间窄、大进深的平面布局特点，使房屋建筑形似竹筒，而得名"竹筒楼"，又被当地人称为"伯庐"。以纵墙为承重墙，形成中空的纵深长条空间。两端为稍大的房间，连接各房间的通道在左侧，平面分前、中、后三个部分，前部分为门廊、门厅、前房，中部为通道、天井、楼梯，后部为卧室、厨房。建筑高三层，二、三层前后立面均向外出挑三个半圆并连的花瓣状阳台、各层均设外廊，一层为梁柱式，二、三层为券柱式，一层门廊横梁饰菱形纹灰塑图案，阳台下檐饰瓜形牛腿支撑。建筑运用了线脚装饰，其檐口、腰线、柱头等处均饰以法式古典风格常用的校角分明的线脚，柱头为多层线脚的装饰，使线脚的表现力得以充分展现，拱券楣额，两侧方形柱头的三叶花饰以及三层柱廊的垂饰，是哥特风格常用的装饰手法，更使建筑呈现出传统的古典主义特色。一层中部设厨房，烟囱通过预理在墙体内的管道直贯楼顶，楼梯形式为折角三跑楼梯，各层地面、楼梯铺设花式瓷砖，局部楼梯踏步则以划花纹样装饰，至今纹路依然清晰，室内天面转角采用石膏装饰线条装饰，楼梯栏杆与屋面护栏为做工精致的钢筋水泥立柱，虽久经沧桑，却历久弥新，仍然保持当年的品质与风格。

图 3-33　永济隆（笔者拍摄）　　　　图 3-34　覃伯棠旧居

（图片来源：梁志敏《广西百年近代建筑》[3]）

3.5.3　庭院式住宅

庭院式建筑是我国传统民居的一种主要形式，其特征是主体建筑位于中轴线上，起统领全局作用，其余建筑围绕主体建筑布置，由院墙、建筑围合成一个或多个院落式住宅。在通商口岸及中心城市西式建筑的辐射影响下，一种崇洋、时尚心理，或由此形成的权贵、身份显示等心态作用下，这股"洋风"也传及圩镇乡村，一些乡绅、地主、军阀等兴建的庭院式建筑中在局部采用西式建筑的元素符号、材料构造，如拱券外廊、拱券窗户、山花女儿墙、琉璃瓷瓶栏杆等，出现了中西杂糅式的景象。

1）瑞园

瑞园现位于北海市海城区和平路东二巷 2 号北海市人民政府大院内，建于 20 世纪 30 年代中期，原为北海五区区长刘瑞图的住宅，由北海著名建筑公司衡兴隆设计建造。该建筑为庭院式住宅，长 38 米，宽 18 米，占地面积 684 平方米。中间有一天井，长 10 米，宽 6 米，天井四周均为券廊式回廊，二层设花瓣、几何样式等形式装饰栏杆。门楼是一座两层的券廊式建筑（图 3-35），五开间、一、二层均设外廊，宽 2.1 米，建筑立面为五个连续半圆拱券构成的立面形式，拱券施以雕饰线条，中间饰拱心石，拉毛墙面装饰，檐墙压顶，中间为巴洛克风格的山花，双坡屋顶，瓦屋面。该建筑在 2004 年公布为北海市文物保护单位。

2）槐园

槐园，俗称"花楼"，现位于北海市合浦县廉州镇康乐街 1 号，始建于 1927 年，历

图 3-35　瑞园（图片来源：梁志敏《广西百年近代建筑》[3]）

时 5 年，至 1932 年建成，是一座典型的中西合璧风格的庭院式住宅。主人为合浦县著名绅士王崇周，槐园占地面积 5000 多平方米，建筑布局中轴对称，自南向北依次由拱桥、门楼（图 3-36）、喷泉、主楼（图 3-37）、后罩房、南侧的厢房（原北侧的厢房损毁）、四周的围墙及凉亭、雕塑、绿化植被等设施组成（图 3-38）。其中，门楼是建筑的主入口，

图 3-36　槐园门楼（笔者拍摄）

图 3-37　槐园主楼（笔者拍摄）

不仅作为主人地位身份的象征，也是欢迎尊贵宾客的重要场所，是一座砖木混结构的二层建筑，建筑面积 200 平方米，三开间，正间设大门前后贯通，次间南面外凸，呈梯形，墙面开拱券窗户。二层设出挑弧形阳台，双坡屋顶，瓦屋面，檐墙压顶。整栋建筑造型简洁，立面构图完整，横三段式构图。主楼为槐园的核心建筑，在整个庭院中起统领作用，是一栋砖木、钢筋、水泥混合结构的四层建筑（图 3-39），正立面为五开间，主入口外凸，为半圆形门廊，上为半圆形阳台，有两根爱奥尼式圆柱支撑。立面造型为中西合璧，一、二层采用西式风格，一层为券廊式，二层为梁柱式，由仿古罗马塔斯干式方

柱、爱奥尼式圆柱组合的束柱，承托钢筋砼结构过梁，构成宽阔的前廊。三层为中式传统风格，左右对称布置两间硬山式琉璃瓦顶房屋，屋脊饰以灰塑博古翘角，外墙饰以红色假清水墙，三屋平台上有一座钢筋砼结构、八角穹窿顶的西式凉亭。四层建筑造型中西揉合，居中为一栋砖木结构四角攒尖、琉璃瓦顶的中式亭阁作"藏书阁"，室内地板、楼梯均铺设花色图案地砖，楼梯扶手饰以彩色水刷石，既有罗马式的拱券窗，也有哥特式的尖券窗。

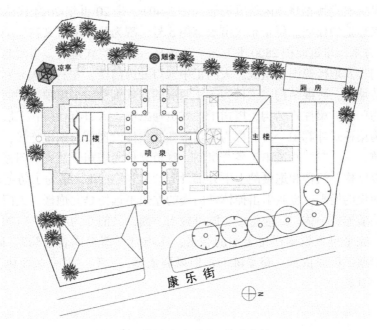

图 3-38　槐园总平面图（笔者自绘）

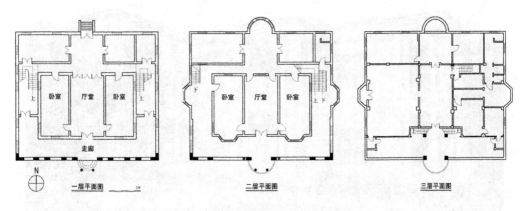

图 3-39　槐园主楼平面图（笔者自绘）

　　庭院设计借鉴了明清园林的处理手法，假山园林、亭台楼阁，竹木翠碧、春色满园。槐园的营造，由上海建筑师设计与施工，采用了先进的建筑技术材料、施工工艺，如钢筋砼结构的梁柱、楼板，彩色花纹玻璃窗，水洗石米的外墙面，纹饰丰富、色彩鲜艳的防水花阶砖、瓷砖、马赛克的地面等。整个建筑规模宏大、雄奇壮丽，立面变化丰富，既有中国式红墙绿瓦、富丽堂皇的气度，又具西式建筑的质朴典雅气质，是广西沿海地区中西融合风格的典型代表，具有较高的历史文化价值、建筑艺术价值。

3）陈公馆

陈公馆是国民党粤军将领陈济棠旧居（图 3-40），是 20 世纪 20 年代陈济棠于事业巅峰时期在东兴建造的住宅。位于东兴市永金街 5 号，现为防城港市文物保护单位，占地面积达 8680 平方米，建筑面积 2800 平米。公馆是一座庭院式建筑，坐西北朝东南，由主楼、副楼、门楼及炮楼等围合组成。大门正中入口处为门楼，左右两边分别为东炮楼和西炮楼。清水砖墙体，砖混结构，主楼为一座两层的西式别墅。平屋顶，平面呈凸字形，凸出部分一层为门廊，梁柱式结构，塔司干柱式贯通二层，入口有台阶；二层为阳台，前置门柱，西侧为梁柱式外廊阳台，立柱为塔司干柱。主楼设连廊与副楼连接，副楼为梁柱式外廊三层建筑，一、二层廊道串连各个房间，廊道立柱为塔司干柱式。门楼加炮楼一共三座，均为砖混结构。门楼和炮楼的上下方都设有"T"形射孔，是为了防范外来侵扰和免遭劫匪破坏而设的枪眼，也叫射击掩体。门楼的左边不远便是北炮楼，大门设置和构筑的射击掩体与围墙连成一体。三座炮楼，既可独当一面，又能互为呼应。有如此坚固的墙体和防护工事，完全可以抵御洋枪土炮的袭击，在当时可谓"固若金汤"。陈公馆历经沧桑，房屋和墙壁虽斑驳依稀，略显陈旧，但风姿依然，大有"时令久而风流存，事竟迁而物弥坚"之壮阔。

图 3-40　陈公馆（图片来源：梁志敏《广西百年近代建筑》[3]）

3.5.4 碉楼式住宅

1）林翼中故居

林翼中故居又名"相庐"，位于合浦县白沙镇油行岭村，建于1931—1948年，是北部湾地区一座具有中西合璧风格的碉楼式住宅的典型代表。2017年公布为自治区级文物保护单位。

该建筑为传统院落式布局，建筑坐北朝南，总体呈长方形，占地面积7000多平方米。由门楼、主楼、炮楼、祖屋、排屋、会客厅等组成（图3-41、图3-42），四周以院墙、围墙相套，形成三个院落。三合土夯筑的院墙，围墙高7米、厚0.6米。突出防御功能，围墙四角设6座高10余米的三层炮楼。入口大门前为一半月形水塘，轴线上主要有两座红砖砌筑的西式建筑，前座立面拱券大门，门联"江山养豪俊，云日有清光"，门额上原为主人题名的"相庐"，建筑入口上方为阶梯状几何图案对称装饰的山花。后座为林翼中居住的三层楼房，砖混结构，清水红砖墙体，入口为柱廊门，上方对称平行两柱直贯二层和三层，至三层超出楼面合围成三角山花，山花墙面塑"景仰高山"，建筑门柱及二、三层阳台均为水刷石墙面装饰，地面铺几何纹花色地砖，设置西式排水管。主楼建筑东侧为高一层的林氏祖屋"思亲堂"（图3-43），二进院落式布局、五开间双堂屋，前为入口门厅，设拖枕门，后为祖厅，设供奉林氏先祖的神龛。祖屋主立面为券柱型立面，由半圆拱券与尖券组合而成，顶部为方砖形、牌匾形、山花相结合的女儿墙压檐，设外廊，宽2米。祖屋后面为一排带有外廊的辅助用房，廊宽1.2米，建筑立面为连续券拱式。

图3-41 林翼中故居（笔者拍摄）

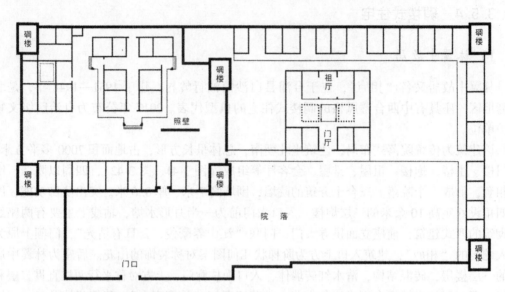

图 3-42 林翼中故居平面图（图片来源：梁志敏《广西客家民居研究》[5]）

图 3-43 思亲堂（图片来源：梁志敏《广西百年近代建筑》[3]）

2）邓世增故居

邓世增故居位于北海市铁山港区营盘镇玉塘村 51、52 号，建于 20 世纪 30 年代，占地面积 3500 平方米，现仅存一座四层碉楼和一座会客厅。碉楼又称"监公楼"（图 3-44、

图 3-45)，坐北朝南，面向大海，高 15.3 米，共四层，一层高 3.3 米，其余层高 3 米，楼顶有瞭望台，可以观察周围环境及海面情况。平面呈正方形，边长 12.7 米，外墙用砂子、石灰、黄泥等材料夯筑，厚达 80 厘米，墙面粉刷石灰。每层布局均为三房一厅式，楼梯居中，每个厅房都有两个窗户，楼板及楼梯由钢筋水泥浇制而成，建筑设四个角碉，外凸 0.80 米，长 3 米，每个角碉设两个枪眼。平面布局从使用需求出发，以客厅为中心，卧室围绕客厅，强调功能的实用性，表现出受西式住宅布局的影响，这种以公共客厅为核心的布局形式与传统民居排屋式的平面布局极为不同。会客厅是一座单层的券廊式建筑，高 6 米，平面呈长方形，长 17.7 米，宽 12.6 米，排屋加外廊组合布局，排屋为三开间，中间为厅堂，开间 4.5 米，左右两侧空间划分相同，前为客厅，后为卧室，开间 4.2 米。设三面外廊，廊宽 2.4 米。立面由连续的七个半圆形拱券组成，四坡顶，瓦屋面。

图 3-44　监公楼（笔者拍摄）

3）新大塘龙武庄园

龙武庄园位于钦州市灵山县灵城镇三海街道办龙武农场内，原名"新大塘"，庄园由当地地主富绅劳乃猷、劳乃祥、劳乃孚、劳乃心四兄弟合建，于 1900 年开始建造，历时 21 年，于 1921 年竣工。庄园是一座三进合院式居住建筑群，总占地面积 6770 平方米，建筑面积 7588 平方米，平面呈方形，南北长 84.2 米，东西宽 80.4 米，占地 6770 平方米，是民国时期灵山"四大塘"之一，也是灵山县迄今保留得非常完整的大庄园之一。

庄园坐北向南，整体布局为"回"字形、"三横四纵"式，由门屋（倒座房）、中堂屋、后堂屋、后罩房及左右两侧纵向的两列横屋组成。前院由门屋（倒座房）与中堂及两内侧横屋合围而成；内院是庄园主要的活动场所，由中堂屋、后堂屋及两内侧横屋合围

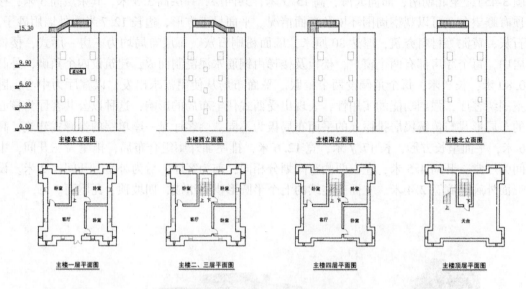

图 3-45　监公楼平面、立面图（笔者自绘）

而成；后堂屋与后罩房之间为后院。内围相向两列横屋为券柱式外廊二层建筑（局部层），外围两侧二层横屋分别与倒座房、后罩房围合而成"围屋"，四角均有六层 10 多米高的炮楼，炮楼之间沿着屋面外墙顶部铺设石板形成"回"形屋面走道，四角炮楼由此得以互通串联，炮楼设枪眼凸鼓。

庄园为砖木结构建筑群，所有房屋均为砖墙瓦顶，墙体均以水磨青砖构建，极为坚固；庄园由两个四合院串联，共有 110 间房屋，主屋是传统民居形制，横梁、斗拱、檐柱等建筑构件均有中式工艺精美的雕刻装饰，而两侧的横屋立面却是典型的西式风格。整座庄园显得方正规矩、浑厚庄重，中轴对称，空间井然有序，远看古朴雄浑，近观屋内构建独特、曲折回环、雕梁画栋、古色古香，建筑群体现了中西结合的建筑艺术特色，具有很高的历史价值、艺术价值和科学价值。

4）杨南昌庄园

杨南昌庄园位于防城港市防城区那良镇范河村范河林场内，是清末秀才杨南昌所建，当地人称之为"望龙楼"。杨南昌庄园是一座砖木结构、中西风格结合、防御性极强的碉楼式建筑（图 3-46），该楼坐北朝南，平面呈长方形，面阔 20 米，进深 35 米，占地面积 700 平方米。平面布局为三进两天井，空间序列沿中轴线依次为门厅、天井、望龙楼、天井、后厅。东西两侧围墙内侧设悬空一层连廊两面排，将望龙楼与北面两角炮楼互相连系。居于围屋中心的望龙楼是仿洋风格的三层楼房；南侧两角炮楼为砖木结构，四层四角攒尖顶，其余两座炮楼均为三层攒尖顶。除望龙楼屋顶为西式平顶外，其余为双坡屋顶，青瓦屋面。纵横房屋相互连接，屋面搭接，围合成两个天井，天井地面铺装排水渠道，在炎热潮湿的夏天，天井可产生阴凉的对流风，改善院内小气候。望龙楼与内廊有着较为浓郁的西洋建筑风格，前堂屋前后均设檐柱外廊，一层前檐为梁柱式外廊、前堂廊柱头灰塑装饰线,并施以牛腿装饰。该楼整体造型颇具特色,是中西建筑风格融合的典型实例,2010 年被列为防城港市文物保护单位。

图 3-46　杨南昌庄园（图片来源:梁志敏《广西百年近代建筑》[3]）

3.6　文 教 建 筑

3.6.1　合浦图书馆

合浦图书馆现位于北海市海城区北部湾路 17 号北海市第一中学校园内。合浦图书馆由爱国人士陈铭枢先生出资建造,始建于 1926 年,次年落成。其为一座两层的券廊式建筑(图 3-47),砖混结构,坐东朝西,四坡顶,瓦屋面。建筑面积约为 600 平方米,长 18.9 米,宽 15.4 米,平面呈"凸"字形,主入口设门廊,门廊两侧为台阶,一、二层四面均设有外廊。立面形式上,横三段式构图,段与段之间用线脚装饰分割,下段为基础,设台基,高 0.9 米,中段为楼身,一层高 4.5 米,二层高 4.3 米。二层四面外廊设宝瓶栏杆。上段为屋顶和檐墙,建筑正面檐墙上有陈铭枢先生手书的"图书馆"三个大字。建筑立面为 7 开间,为连续的券柱式立面形式,强调垂直划分,以正间为中心统领构图,两侧开间依次递减。1938 年,该旧址曾作为中国共产党在北海的重要指挥部。中华人民共和国成立后至 1994 年一直作为北海中学图书馆。2006 年 5 月公布为全国重点文物保护单位。2016 年进行了全面修缮,北海博物馆拟将其改造为北海近代历史名人陈列馆。

图 3-47　合浦图书馆（图片来源：梁志敏《广西百年近代建筑》[3]）

3.6.2　谦受图书馆

谦受图书馆是一座建筑风格独特，中西合璧的券廊式建筑（图 3-48），具有较高的历史、艺术价值，现为省级文物保护单位，位于防城港市防城区教育路防城中学校园内。该建筑占地面积 729 平方米，建筑面积 934 平方米，享有"边邑第一馆"之美誉，是当时两广地区藏书量最多的图书馆，藏书量达 10 万余册。1929 年，陈济棠为改善防城中学的办学条件，出资兴建一座图书馆，1931 年建成后，以其父之字命名为"谦受图书馆"（其父陈金益，字谦受），并以此来纪念其父"敬教勤学""兴乡文化"的遗教。谦受图书馆设计新颖，别具一格，由一栋主楼及两侧副楼组成，用回廊连成一体，砖混结构，券柱式建筑立面，拱券上有灰塑卷草纹浮雕，做工精巧。主楼五开间立面，入口设门廊，两侧设台阶拾级而上，门廊上方为露台，铁艺栏杆装饰，女儿墙压檐，中央为"谦受图书馆"牌匾，上为巴洛克式山花。副楼位于主体两侧，左右对称，梁柱型立面形式，强调垂直划分，与主楼在造型上产生鲜明的形态对比，以突出主楼的中心地位。

3.6.3　南康中学高中楼

南康中学高中楼建成于 1946 年，位于北海市铁山港区南康中学校园内，2013 年被列为北海市文物保护单位。该楼为一座两层的券廊式建筑（图 3-49），砖木结构，坐东朝西，双坡屋顶，瓦屋面。平面呈长方形，长 24 米×宽 12 米，建筑面积约 600 平方米，空间组合由排屋加前后廊组成。一层平面由五间房屋组成，居中房间宽 4.8 米，其余开间宽均为 4.7 米。二层平面由七间房屋组成，居中房间宽 3.8 米，其余开间宽均为 3.3 米。建

图 3-48　谦受图书馆（笔者拍摄）

筑前后两面均设有外廊，净宽1.8米，楼梯外设置于建筑两侧，左右对称。建筑立面为横
三段式构图，下段为拱券与尖券结合式，中段为拱券式，上段为坡屋顶，无檐墙。

3.6.4　明江中学教学楼

明江中学是东兴中学的前身，1938年，任防城县立简易师范学校校长的毛湘澄倡议
创办明江中学，位于东兴市东中路，现仅存教学楼、图书馆两栋建筑，教学楼是一座较具
代表性的文教建筑（图3-50）。该楼建于民国时期，砖混结构，建筑平面布局呈"山"字
形。主楼突出，五开间，共三层，一层为梁柱式，二层设置阳台，由四根立柱支撑，三层
置一个半圆弧形阳台，由出挑悬臂梁支撑，顶部为露台，女儿墙压檐，立面造型简洁，墙
面整齐划一，门窗为长方形造型，周边均有线脚装饰。副楼位于主楼两侧，中轴对称，共
两层，一层梁柱式，二层拱券式，设有外廊、阳台栏杆。

图 3-49　南康中学高中楼（笔者拍摄）

图 3-50　明江中学教学楼
（图片来源：梁志敏《广西百年近代建筑》[3]）

3.7　本 章 小 结

　　广西沿海近代建筑类型丰富，通过统计归类，可分为西洋建筑、教会建筑、办公建筑、骑楼建筑、居住建筑、文教建筑、庙宇建筑七大类型。西洋建筑以英、德两个领事馆为代表，这些建筑一般为两层，少数一层或三层，占地面积不大，平面呈简单方形或长方形，带有宽敞的外廊，多为西式四坡屋顶形式，底层设有地垄层或台基，功能上多数是商务办公、政务办公与生活居住的综合体。教会建筑以涠洲盛塘天主堂、罗浮恒望天主堂、普仁医院为代表。由于教会高度完善的组织系统，以及教会建筑对教会礼仪的承载，天主教主教堂基本遵循西方宗教建筑中轴对称，保留了以山墙面为主入口及大厅巴西利卡式的建筑形制。空间划分上主要以礼拜功能为核心，宗教活动主要沿礼拜大厅为主的宗教空间纵向展开，强调纵向序列的空间格局[6]。而除了主教堂外的教会建筑的物质空间则更多采用"外廊+排屋"的空间模式，建筑立面采用券廊式的立面形式，融合中国传统建筑语汇和传统建筑技术，建筑形态呈现中西混合的特征，以使教会建筑在中国传统文化背景下调适。

　　骑楼建筑是政府主导规划下的产物，在制度的规范下，骑楼街道立面形态具有统一性、整体性、连贯性的特点。统一性表现为统一的地坪高度，统一的各层层高，统一的道路红线，统一的人行廊道。整体性表现为立面构成具有一定的规律，下段底层为连续骑楼柱廊，中段为连续的商业牌匾和拱券窗或方格窗，上段檐墙也具有很强的相似性。

　　办公建筑、文教建筑、居住建筑、庙宇建筑在物质空间、立面形式、建筑构造、材料使用上大致相同。其中，居住建筑是广西沿海近代建筑的主要类型，表明当时社会精英阶层是学习西式建筑的主要力量，西式建筑成为一种建筑时尚，受到社会精英阶层的推崇效仿，是他们彰显身份与地位的象征。因建造者身份背景多元，有军人、政客、商贾、文人等，他们对西式建筑的理解与取向不同，从而产生多样化的居住建筑形式。居住建筑有独立式、骑楼式、庭院式、碉楼式四种，各个市县、圩镇、乡村均有分布。独立式、骑楼式主要分布在城市中，而庭院式、碉楼式更多分布在乡村中。

◎ **本章参考文献**

[1] 彭长歆. 现代性与地方性：岭南城市与建筑的近代转型 [M]. 上海：同济大学出版社，2012.

[2] 彭长歆. 规范化或地方化：中国近代教会建筑的适应性策略——以岭南为中心的考察 [J]. 南方建筑，2011（2）：45-52.

[3] 梁志敏. 广西百年近代建筑 [M]. 北京：科学出版社，2012.

[4] 吴彼爱，陈谷佳. 历史城镇的控制与开发——以广西北海市南康历史文化名镇为例 [J]. 规划师，2015（5）：126-131.

[5] 梁志敏. 广西客家民居研究 [M]. 南宁：广西人民出版社，2017.

[6] 张奕，尹松青. 中国化清真寺建筑的特色——以湖北为例 [J]. 中国宗教，2019（8）：46-47.

第4章　广西沿海近代建筑的立面形式

4.1　广西沿海近代建筑立面概述

外廊式建筑（或外廊样式）被誉为中国近代建筑的原点，其最大的特征是建筑附有外廊。最初是英国殖民者为适应印度、东南亚地区炎热多雨的环境气候而建造的带有一圈拱券回廊的建筑式样，并开始在亚洲其他地区盛行。最早在我国的澳门、广州十三行出现，1842年以后，作为一种时尚的"建筑式样"逐渐在五口通商城市及闽粤沿海地区广泛被采用[1]。1876年北海开埠后，外廊式建筑开始传入北海，然后以北海为中心传播及影响到整个广西沿海地区的各市县、圩镇、乡村，作为近代建筑一种特殊的建筑类型，亦是广西沿海近代建筑的典型代表。根据实地普查统计，广西沿海地区拥有近百处的近代建筑，大部分都设有外廊这一典型特征。本章选取了其中30栋保留较完整且具有代表性的近代建筑作为研究样本，功能类型上包括办公、宗教、文教、商业、居住等多种类型，其中北海市19栋，钦州市7栋，防城港市4栋。其中，北海近代建筑是广西沿海地区早期近代建筑的典型代表，大多建于1905年以前，以西洋建筑、教会建筑为主，由外国人或传教士负责主持设计建造。钦州、防城港近代建筑是该地区后期近代建筑的典型代表，大多建于民国时期，以居住建筑、文教建筑为主，由当时的社会精英负责主持设计建造或出资建造。笔者经勘察测绘，统计了这30栋近代建筑的建成年代、建筑性质、建筑层数以及外廊形式与宽度、立面类型等基本信息（表4-1）。

表4-1　　　　　　　　　　30栋样本建筑基本信息一览表

序号	名称	建筑性质	建成年代	建筑层数	外廊形式	外廊宽度（米）	立面类型
1	北海关大楼	办公	1883	三层	回廊	2.9	券拱型
2	英国领事馆	办公	1885	二层	L形	3.0	券拱型
3	双孖楼	居住	1886/1887	一层	四面	前廊3.0 侧廊2.7 后廊2.4	券拱型
4	普仁医院医生楼	宗教	1886	二层	U形	2.5	券拱型

续表

序号	名称	建筑性质	建成年代	建筑层数	外廊形式	外廊宽度（米）	立面类型
5	德国森宝洋行主楼	商业	1891	二层	回廊	前后 3.0 左右 2.4	券拱型
6	德国森宝洋行副楼	商业	1891	一层	四面	前廊 2.2 侧廊 1.9	券拱型
7	大清邮政北海分局	办公	1897	一层	单面	2.5	券拱型
8	德国领事馆	办公	1905	二层	回廊	前廊 2.5 侧廊 2.0 后廊 2.0	券拱型
9	贞德女子学校	宗教	1905	二层	L 形	前廊 1.8 侧廊 2.5	券拱型
10	会吏长楼	宗教	1905	二层	L 形	前廊 2.2 侧廊 2.5	券拱型
11	梅园	居住	1912 年	二层	两面	1.8	券拱型
12	北海天主堂神父楼	宗教	1918 年	二层	三面	1.5	券拱型
13	合浦图书馆	文教	1926	二层	回廊	2.5	券柱型
14	东一药局	居住	1928	二层	两面	1.8	券拱型
15	邓世增故居会客厅	居住	20 世纪 30 年代	一层	三面	1.8	券拱型
16	南康中学高中楼	文教	1946	二层	两面	1.8	券拱型
17	德国信义会建德园	宗教	1923	二层	U 形	1.8	券拱型
18	扁舟亭	文教	民国	一层	回廊	1.4	券拱型
19	德国信义会德华学校	办公	1930	二层	单面	2	券柱型
20	苏廷有旧居	居住	民国	二层	两面	前廊 2.1 后廊 1.8	券拱型
21	郭文辉旧居	居住	1922	二层	单面	2.4	梁柱型
22	联保小学堂教学楼	文教	民国	二层	单面	1.9	梁柱型
23	联保小学堂图书馆	文教	民国	二层	单面	2.4	券拱型

序号	名称	建筑性质	建成年代	建筑层数	外廊形式	外廊宽度（米）	立面类型
24	光裕堂	居住	民国	二层	单面	2.2	券柱型
25	申葆藩旧居	居住	1919	三层	回廊	2.7	梁柱型 券柱型
26	刘成桂旧居	居住	民国	二层	三面	前廊 2.4 侧廊 2.2	券柱型
27	防城工商联合会	办公	民国	二层	单面	1.5	券拱型
28	凤池堂	居住	民国	二层	单面	1.2	券拱型
29	谦受图书馆主楼	文教	1931	二层	回廊	1.75	券柱型
30	谦受图书馆副楼	文教	1931	二层	L 形	1.75	券柱型

通过统计表明，广西沿海近代建筑的外廊位置不一，按其方位不同将外廊归纳为单面廊、两面廊、L 形廊、三面廊、U 形廊、四面廊、回廊等 7 种类型（图 4-1）。其中，单面廊 8 处、两面廊 4 处、L 形廊 4 处、三面廊 3 处、U 形廊 2 处、四面廊 2 处、回廊 7 处，设单面廊、回廊的建筑占一半，说明这两种是广西沿海近代建筑常用的外廊形式。在外廊的位置安排上，灵活自由，无严格的规定，这取决于业主的使用需求。一般建筑主立面或正立面均设有单面廊，可以在建筑的前后、侧面及四面设双面廊、三面廊、四面廊、回廊不等，也可以采用外廊与门廊结合的方式。外廊宽度不等，范围为 1.2 ~ 3.0 米，这取决于对外廊功能的需求，如果仅仅是交通联系作用，则宽度较小，如兼作为室外的活动场地，则宽度较大。总体而言，西洋建筑外廊较宽，而教会建筑次之，居住建筑、文教建筑外廊较窄。

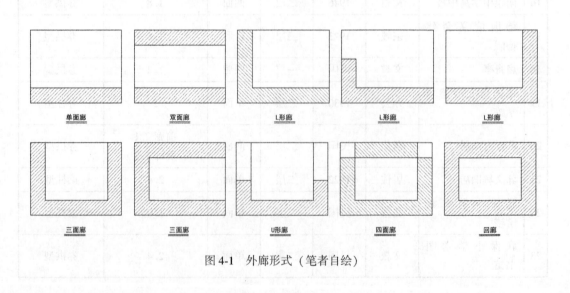

单面廊　　双面廊　　L 形廊　　L 形廊　　L 形廊

三面廊　　三面廊　　U 形廊　　四面廊　　回廊

图 4-1　外廊形式（笔者自绘）

4.2 广西沿海近代建筑的立面类型

通常人们在观察建筑时，较集中于对造型的关注，建筑立面则是展现建筑整体风貌的关键，往往能够决定一座建筑的形象[2]，也是广西沿海近代建筑最具代表性的特征。建筑立面通常是指建筑物的四个面，而本章论述的广西沿海近代建筑立面仅指有外廊且以柱式和拱券为主要元素造型的立面。广西沿海外廊式建筑立面类型多样、形态独特。按元素内容可分为无檐墙类和有檐墙类：无檐墙类是指没有檐墙元素的立面，有檐墙类是指带有檐墙元素的立面。按立面元素特征和组合手法的不同可分为券拱型、券柱型、梁柱型三大立面类型（表 4-2），其中，券拱型有 20 栋，券柱型有 8 栋，梁柱型有 3 栋。统计表明，券拱型是广西沿海外廊式建筑立面的主要类型。不同类型的建筑立面在构成手法、元素组合上有一定的差异。

表 4-2   立面类型的分类

元素内容	元素特征	数量	典型实例
无檐墙类	券拱型	13	双孖楼、普仁医院医生楼、德国森宝洋行（主楼、副楼）、德国领事馆、贞德女子学校、会吏长楼、梅园、北海天主堂神父楼、大清邮政北海分局、邓世增故居会客厅、南康中学高中楼、扁舟亭
有檐墙类	券拱型	7	北海关大楼、英国领事馆、东一药局、德国信义会建德园、凤池堂、苏廷有旧居、联保小学堂图书馆
	券柱型	8	合浦图书馆、德国信义会德华学校、防城工商联合会、谦受图书馆（主楼、副楼）、光裕堂、刘成桂旧居、申葆藩旧居
	梁柱型	3	郭文辉旧居、联保小学堂教学楼、申葆藩旧居

4.2.1 券拱型

券拱型是指柱式不到顶，由券形（半圆券、弧形券、尖券）置于立柱之上组成一个或多个券洞形式为基本单元，按一定的组合规律形成连续券拱形式，该类型注重立面的横向划分，强调建筑的水平感。券拱型立面构图手法不拘一格，灵活多变，可分单拱式、多拱式、拱券与尖券结合式三种形式。单拱式是指相同拱券作连续水平扩展形成均匀的、规律的、连续的构图方式，如贞德女子学校（图 4-2），立面由 5 个半圆形拱券门洞构成，每个门洞宽度均为 2.1 米，形成连续的建筑立面。多拱式是指不同拱券（大小或形状不同）按一定规律（中间大、两侧小或中轴对称）排列的构图方式，如北海德国信义会教会楼（图 4-3），采用一大一小的拱券门洞为基本单元作连续水平排列，构成以中间门洞为中轴对称、左右两边三大三小的拱券门洞的建筑立面，并采用双柱式来突出建筑转角处

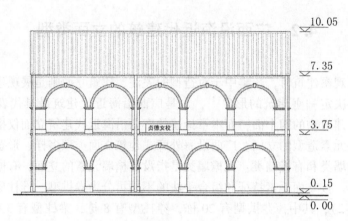

图4-2 贞德女子学校南立面图（笔者自绘）

和强化主入口，使建筑立面造型生动，富于变化。又如合浦德国信义会建德园（图4-4），采用大、中、小的三个不同宽度的拱券门洞为基本元素作连续水平排列，形成左右对称的立面形式，并采用加大立柱宽度来强化建筑转角处，采用一大两小的拱券门洞形式来突出主入口，使建筑立面造型在整体中求变化、在变化中求统一。拱券与尖券结合式，是指以拱券为主，尖券为辅的立面形式，在单个拱券门洞或多个连续拱券门洞的两侧配置尖券门洞的立面构成手法。如北海东一药局（图4-5），由4个拱券形门洞和4个尖券形门洞排列组合形成一拱券与两尖券和三拱券与两尖券的立面形式。拱券与尖券相结合，立面形态更生动，变化更丰富。总而言之，单拱式强调严谨、整齐划一，讲究规范、立面节奏感和韵律感强，而多拱式组合自由、灵活多变、适应性强，如大拱券中加入小拱券，使立面造型丰富、生动活泼；在建筑的转角处和主入口处，通常采用加大立柱宽度或使用双立柱来强化入口和建筑立面转角处。而拱券与尖券结合式的建筑立面，既有单拱式的整体统一，又有多拱式的灵活多变，立面造型更加丰富、生动。券拱型是早期广西沿海近代建筑采用的主要立面类型。

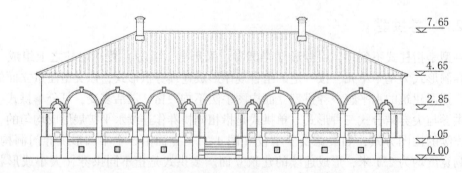

图4-3 德国信义会教会楼北立面图（笔者自绘）

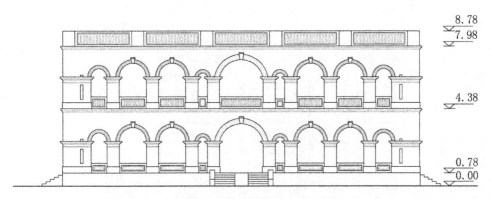

图 4-4 德国信义会建德园南立面图（笔者自绘）

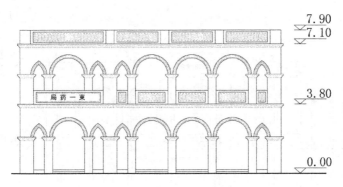

图 4-5 东一药局西立面图（笔者自绘）

4.2.2 券柱型

券柱型是指柱式到顶，相邻两柱式之间，由券形与倚柱组成一个或多个券洞形式为基本单元，并按一定的规律形成连续券柱的立面形式，券柱型注重立面的竖向划分，突出柱式的视觉效果。券柱式又可分为单券式和多券式，单券式是指两根立柱之间采用一个券洞形式的构图手法。如防城工商联合会（图 4-6），由立柱、倚柱、半圆形券构成一个券洞形式为基本构图单元作连续水平扩展而形成竖向五段式的构图手法，并以中间一段为中心，左右两段对称的建筑立面。又如合浦图书馆（图 4-7），由立柱、倚柱、半圆形券、尖券构成两个券洞（拱券和尖券）形式为基本构图单元作连续水平扩展而形成竖向七段式的构图手法，并以中间一个券洞为中心，左右各三个券洞对称的立面形式。券洞开间中间最大，两侧逐渐递减，具有很强的节奏感与韵律感。又如德国信义会德华学校（图 4-8），同样由立柱、倚柱、半圆形券、尖券为构图元素，以拱券门洞和尖券门洞为基本单元，构成 5 个拱券门洞为主和 2 个尖券门洞为辅的对称式建筑立面。但因这三座建筑（防城工商联合会、合浦图书馆、德国信义会德华学校）的开间大小、柱式造型不同，所组成的立面形态亦相同。多券式是指两根立柱之间采用两个以上券洞形式的构成手法。如钦州刘成桂旧居（图 4-9），竖向四根柱式将立面划分为竖三段式，中段单券式组成，左右

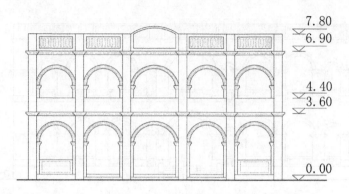

图 4-6　防城工商联合会南立面图（笔者自绘）

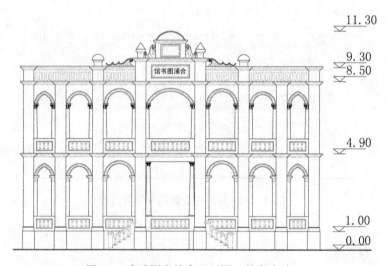

图 4-7　合浦图书馆南立面图（笔者自绘）

两段由三个连续相同的券洞形式组成，连续的拱券立柱也强化了立面的垂直感。又如钦州光裕堂（图 4-10），同样表现为竖三段式的立面形式，中段单券式，左右两段为双券式，但又因立柱形式、拱券造型及阳台栏杆等不同，使建筑立面产生的视觉效果相似却不雷同。券柱型是后期广西沿海近代建筑采用的主要立面类型。

4.2.3　梁柱型

梁柱型是指以立柱和横梁为基本元素，横平竖直搭接组合形成建筑立面，既强调水平划分，又突出垂直划分，由立柱将建筑立面划分为开间大小相同或不同的三开间、五开间、七开间等。这种类型与中国传统抬梁式木构架建筑立面形式极为相似。梁柱型是后期广西沿海近代建筑采用的主要立面类型。如钦州联保小学堂教学楼（图 4-11），由立柱和横梁为基本造型元素，组成网格式的建筑立面。四根立柱将建筑立面垂直划分为三开间，中间大，宽 5.2 米，两侧小，宽 4.7 米，中轴对称。横梁又将建筑立面划分为上、中、下

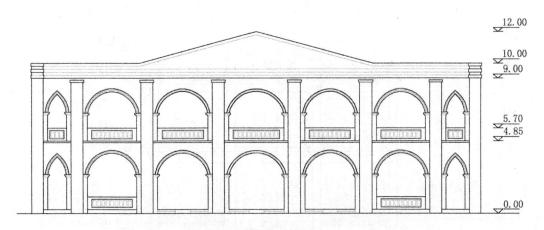

图 4-8　德国信义会德华学校南立面图（笔者自绘）

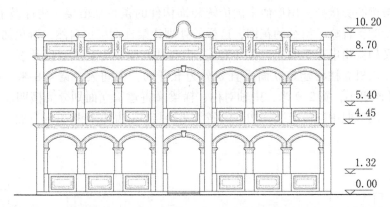

图 4-9　刘成桂旧居南立面图（笔者自绘）

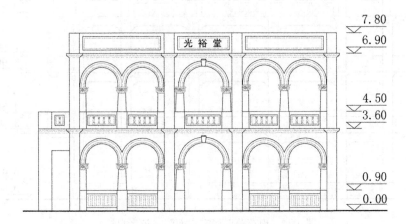

图 4-10　光裕堂南立面图（笔者自绘）

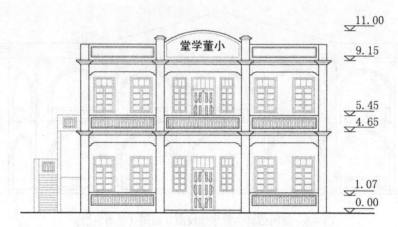

图 4-11　联保小学堂教学楼南立面图（笔者自绘）

三段，在柱与梁的交接处，用形似中国传统装饰构件的雀替来衔接，构件做了简化处理，只保留曲线轮廓，省略了精细的花饰，这样的处理让梁柱衔接更自然，避免僵硬，立面形式更和谐。又如钦州申葆藩旧居（图 4-12），由立柱和横梁为基本造型元素，组成网格式的建筑立面，六根立柱将建筑立面垂直划分为五开间，中间大，宽 4.8 米，两侧小，宽 4.1 米，最外侧更小，宽 2.9 米，中轴对称；横梁又将建筑立面划分为横四段式，在柱与梁的交接处，用形似中国传统装饰构件的雀替来衔接，让梁柱衔接更为自然，立面形式更和谐。

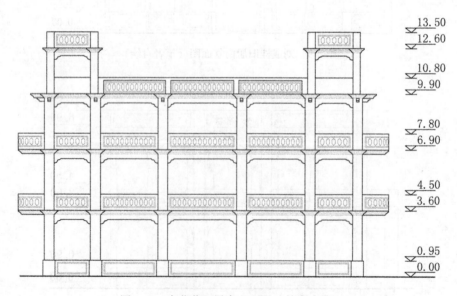

图 4-12　申葆藩旧居南立面图（笔者自绘）

4.3　广西沿海近代建筑的立面构成

通过对代表性建筑的数据统计及对立面类型的归类分析，我们发现广西沿海近代外廊式建筑立面构成具有较强的规律性，在构成元素上，多以券形、柱式组成拱券、券柱形式，形成连续的券廊或柱廊统领立面。按水平划分，整体表现为横三段式构图，即上、中、下三段。下段为基座部分，从地坪线到一层底部；中段为券廊或柱廊部分，从一层底部到屋檐或檐墙底部；上段为屋顶部分，从屋檐或檐墙底部到屋顶顶部，各段之间一般用线脚装饰进行划分。同时，装饰线脚也融入柱式、拱券、檐墙、牌匾等元素之中，丰富立面形态变化，并使各元素达到整体统一的效果，且每座建筑的线脚均使用枭线、混线进行装饰，各具特色，极少重复，从而使建筑立面形成和谐统一效果[3]。

券拱型立面一般由屋顶、檐墙、牌匾墙、烟囱、方柱、拱券、栏杆、台基、台阶等元素组成，横向划分尤为明显，以突出建筑立面的稳定感与水平感（图 4-13）。券柱型立面构成元素与券拱型大致相同，两者差异表现在构成手法上，券柱型立面在横三段式构图的基础上，加入柱式形成券柱式，强化立面的垂直感，形成竖多段式构图（如三段、五段、七段不等），并以中间一段为构图中心（图 4-14）。梁柱型立面则以立柱、横梁为主要元素构图，横平竖直，网格式构图，不仅突出立面的水平划分，同时也强调垂直划分。总的来说，早期广西沿海近代建筑主要采用券拱型立面；后期则主要采用券拱型、券柱型。以下仅对券拱型、券柱型的立面构成进行论述分析。

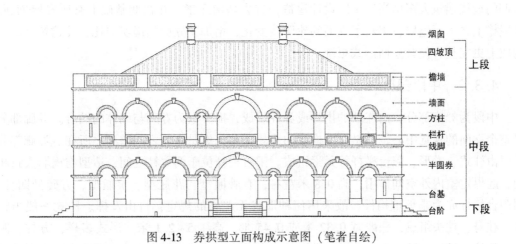

图 4-13　券拱型立面构成示意图（笔者自绘）

4.3.1　上段部分

上段为屋顶部分，是建筑立面必不可少的，由屋顶或屋顶与檐墙组成。作为立面构成的主要元素，在构成上与下段基座、中段券廊形成鲜明的虚实、疏密对比。广西沿海近代

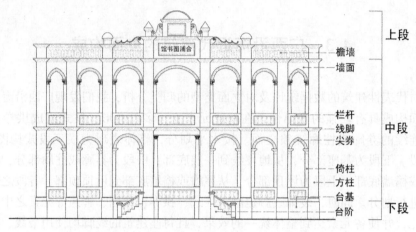

图 4-14　券柱型立面构成示意图（笔者自绘）

建筑的屋顶继承了我国传统建筑坡屋顶形式，有双坡顶、四坡顶两种，屋顶高度取决于建筑进深，一般高 2.4~3 米。檐墙是指高出屋檐的矮墙，又称山花墙、压檐墙，由于檐墙为非承重构件，故其形式自由、形态多样[4]。在立面构图上，檐墙形成较为丰富的天际线，实用与装饰于一体；在功能上，为防止屋顶的雨水直接沿街面墙体流下而损坏墙面。可在檐墙上题名商号、店名，易于辨识，是建筑立面装饰的重点部位，也是最精彩的部位，装饰内容丰富，题材多样，多以平安顺利、荣华富贵等吉祥图案为题材。早期广西沿海近代建筑大多由外国人或传教士设计建造，屋顶上大多带有烟囱这一明显西式元素，而后期的近代建筑大多由当地工匠设计建造，省去烟囱元素，并在此基础上有所发展创新，在屋檐上融入了檐墙，丰富了立面的轮廓线变化，增加了立面的虚实对比，让建筑立面在构成上更完整，使其立面形式更统一。

4.3.2　中段部分

中段为券廊部分，由连续的拱券或券柱组成，极少数为券廊与墙体的结合。券廊部分是整个立面的视觉中心，也是立面构成的重要部分，更是立面之间差异之所在。券廊部分主要由柱式、券形、阳台栏杆等元素组成。阳台栏杆位于两立柱之间，造型与檐墙大致相同，起界定室内外空间作用，高 0.8 米左右，有牌匾型、花瓶型、宝瓶型、方砖型四种。因阳台栏杆亦为非承重构件，故采用何种形式无严格的规定，自由发挥。柱式一般由柱墩、柱身、柱头组成，一般宽 0.32 米或 0.45 米，高 1.5~2.1 米。形式多样，方柱、圆柱、倚柱、壁柱、矮柱皆有使用。券形是指发券造型，主要有半圆券、弧形券、尖形券三种及其变体，半圆券顶部有券心石和无券心石两种。柱式与券形结合形成拱券、券柱形式，券廊部分构成的核心在于拱券、券柱的组合与编排，通过灵活运用并列、重复、对称、均衡、虚实、分割、近似等手法对元素进行组构，可以使立面呈现不同的形态特征和视觉效果。采用相同拱券连续排列，可获得整体均衡、和谐统一的立面视觉感受，如瑞园、梅园等；采用不同拱券（分大小拱券、拱券与尖券两种）组合编排，可获得富于变化、生动活泼的立面视觉感受，如东一药局、联保小学堂图书馆等；采用不同券柱按一定规律（中间大、两侧递减或中间为半圆形券柱、两侧为尖券形券柱）组合编排，可强化立面竖向划分的垂直感，如合浦图书馆、德国信义会德华学校等；综合运用拱券与券柱相结合的立面形式，既有券拱型的水平感，也有券柱型的垂直感，立面造型更加生动，层次变化更加丰富，如刘成桂旧居、光裕堂等。为强化立面某部位（主入口或转角处等）的视觉效果，可采用双柱拱券或增大拱券宽度来表现，如英国领事馆、凤池堂等；为营造立面虚实的变化，亦可采用券廊与墙体的组合形式，如德国森宝洋行副楼、双孖楼等。至于采用何种拱券、券柱形式的组合与编排，取决于是否与建筑立面长度相匹配，是否符合建造材料（青砖）的尺度模数及设计建造者对立面形式的解读和掌控。因此，拱券、券柱的灵活组构，使建筑立面产生丰富多样的形态，而券廊形式的上下一致、阳台栏杆与檐墙的上下呼应则强化立面形态的整体统一。

4.3.3 下段部分

下段为基座部分，位于地面之上、券廊之下，由台基（或架空层）和台阶（或楼梯、踏步）组成。台基高度大于等于 0.9 米，称为架空层（俗称地垄层）。高度小于 0.5 米，称为低台基。架空层为早期广西沿海近代建筑的一大特色，大多在外国人设计建造的领事馆、洋行、住所、俱乐部等建筑上采用。广西沿海地区雨量充沛、气候潮湿，潮湿的地气对人体伤害较大，因起初外国人不适应当地的潮湿气候，为了居住、办公环境的舒适性，通常在一层之下用青砖砌筑成一条条地垄，然后在其上面搁置木楞，铺设木板、面砖形成架空层，并设通风口，其主要作用是防潮通风，这是应对当地自然气候的一种创新设计，同时架空层也可以衬托建筑高大的形象。而后期的近代建筑，大多由本土工匠设计建造，且业主多为当地民众，对当地的生活环境及自然气候已适应，因此，不需要采用架空层的形式，取而代之的是低台基，其作用仅仅是防止雨水侵蚀墙脚。台阶的位置与入口相对应，一般设在建筑的正立面或两侧，根据台基的高度采用楼梯、台阶或踏步与上层联系。

4.4 广西沿海近代建筑的立面装饰

4.4.1 柱式

西式建筑的柱式不仅是一种建筑部件的形式，更是一种建筑规范和风格。在西式建筑的柱式体系中主要有多立克、爱奥尼柱式、科林斯柱式等几种形式。广西沿海近代建筑中的柱式均为西式柱式的简化或变异，这些柱式并不十分严格地遵守纯正西式建筑的柱式比例，更多地作为一种符号的象征或装饰的需要。柱式一般由柱墩、柱身、柱头组成，并以柱头为装饰重点（图 4-15、图 4-16），更多地以线条勾勒、线脚处理等手法出现。通过柱式划分建筑立面，形成丰富多样的立面形态。

图 4-15　柱式装饰 1

（笔者拍摄）

图 4-16　柱式装饰 2

（图片来源：梁志敏《广西百年近代建筑》[5]）

4.4.2　拱券

拱券是一种建筑结构，又称券洞、法圈、法券，由青砖砌筑而成，它除了竖向荷载时具有良好的承重特性外，还起着装饰美化的作用。拱券是广西沿海近代建筑立面中的典型元素，如拱券门洞、拱券窗户、拱券外廊等，它既作为支托墙体的承重结构，也作为建筑立面的装饰构件，形式有半圆拱、弧形拱和尖券及其变体，拱券由线脚装饰，顶部中央嵌入券心石。多以券形、柱式组成券拱型、券柱型，形成连续的券廊或柱廊的建筑立面（图 4-17），连续的拱券形成韵律感、秩序感较强的视觉冲击效果。

4.4.3　檐墙

檐墙，又称山花墙、压檐墙，是指高出屋面的矮墙，是屋面与外墙交接处理的一种建造方式。在立面构图上形成较为丰富的天际线，实用与装饰于一体，功能与装饰并举。实用功能有四点，一是为防止屋顶的雨水直接沿街面墙体流下而损坏墙面。二是预防台风袭击时把屋顶的瓦片吹飞掉落到街道上，损伤到行人。三是在檐墙上开一个圆形或多边形洞口，或处理成镂空式栏杆状以达到减轻自重及对建筑的荷载。四是标识作用，可在檐墙上题名商号、店名，彰显主人的品味。装饰艺术功能也有三点，一是构图要求，它是骑楼建筑立面三段式构图之上段，骑楼群体天际线的组成部分，形成较为丰富的天际线。二是装饰美观，它是建筑立面装饰的重点部位，也是最精彩的部位，装饰内容丰富，题材多样，

图 4-17　拱券装饰（笔者拍摄）

多以平安顺利、荣华富贵等吉祥图案为题材。三是艺术情趣，业主的身份、地位、喜好、观念等不尽相同，体现在檐墙的形态处理、装饰的精细程度及其追求的精神内涵不尽相同，有的采用复杂的形体造型，有的采用精美华丽的图案装饰等。由于檐墙为非承重构件，故其类型多样、形态生动、形式自由、内容丰富。

以类型式样作为分类依据，按元素特征一级划分，檐墙可分为传统类、西洋类、复合类三大类；按主题内容二级划分，可分为牌匾型、花瓶型、宝瓶型、方砖型、山花型、山花牌匾型、山花宝瓶型、山花方砖型、方砖牌匾型、几何型、方柱型十一种；按水平横向、垂直竖向三级划分，可分为横一段式、竖三段式、竖多段式三大式样。由此，广西沿海近代建筑立面檐墙的类型可归纳为三大类十一种三大式样（表4-3）。传统类檐墙是指构成檐墙的元素源于中国传统建筑上的构件匾额或生活中的元素符号，由立柱和立柱之间的长方体矮墙组成，其特征整体表现为长方形构图，矮墙由内外两层组成，造型简洁朴素，形态变化较少，有简单的线脚装饰。西洋类檐墙是指以西洋建筑上的绿宝瓶元素为主题构成的檐墙，立柱之间的长方形矮墙为虚体造型，运用宝瓶构件按一定的间距作水平方向连续均匀排列形成栏杆状，宝瓶为实，镂空为虚，节奏感强，产生一种虚实对比的建筑艺术效果。复合类檐墙是传统类檐墙与西洋类檐墙的结合体，中西式元素综合运用，由上、下两部分组成。复合类檐墙是檐墙中造型丰富、装饰精彩、手法处理多样的一种，是西方建筑文化与本土建筑文化相融合的典型体现。檐墙其本质是中西式元素按照对称、重复、近似、变异、对比、虚实、分割等形式美的法则进行重构组合，使檐墙达到良好的视觉审美效果并传达一种吉祥的象征意义。

表 4-3　　　　　　　　　　　　　　　檐墙类型的分类

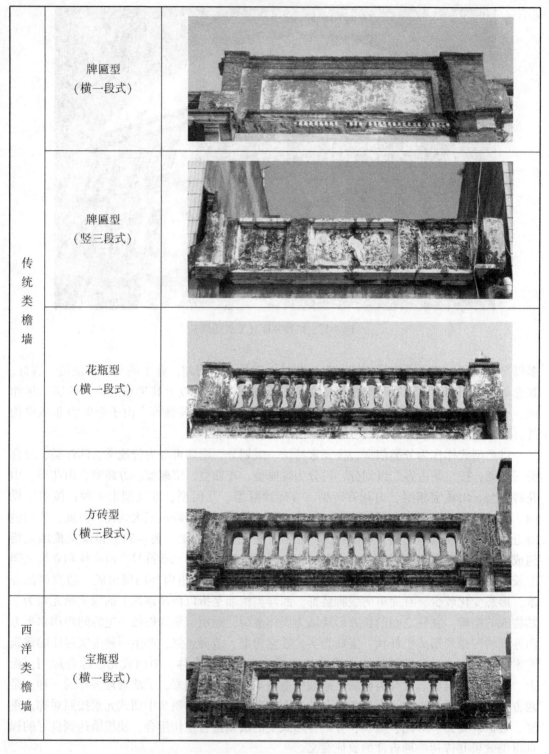

传统类檐墙	牌匾型 （横一段式）	
	牌匾型 （竖三段式）	
	花瓶型 （横一段式）	
	方砖型 （横三段式）	
西洋类檐墙	宝瓶型 （横一段式）	

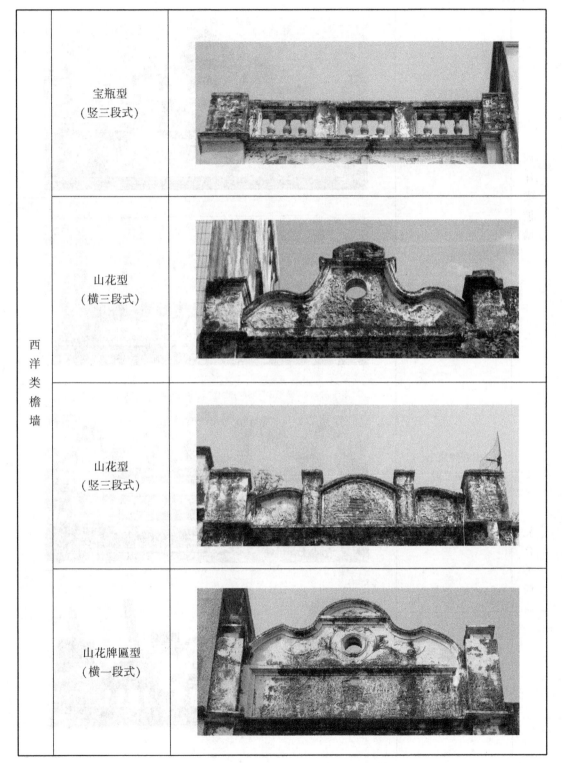

西洋类檐墙	宝瓶型 (竖三段式)	
	山花型 (横三段式)	
	山花型 (竖三段式)	
	山花牌匾型 (横一段式)	

续表

西洋类檐墙	山花牌匾型 (竖三段式)	
	山花牌匾型 (上横一段、 下三段式)	
复合类檐墙	山花牌匾型 (上竖三段、 下横一段式)	
	山花宝瓶型 (竖三段式)	

复合类檐墙	山花方砖型 （竖三段式）	
	方砖牌匾型 （上横一段、 下竖三段式）	
	几何型 （竖三段式）	
	方柱型 （上竖多段、 下横一段式）	

4.4.4　线脚

立面装饰最大的特征是线脚的大量运用，几乎立面上的每个部位包括柱头、柱墩、腰线（分段线）、牌匾墙、拱券窗、檐墙等均使用枭线、混线进行装饰，极富节奏感和韵律美。线脚的主要作用在于强化建筑立面造型的整体统一感，通过线脚的划分与装饰也让平直的墙面更有立体感，层次清晰，而且线脚形式多样，极少重复（图 4-18）。

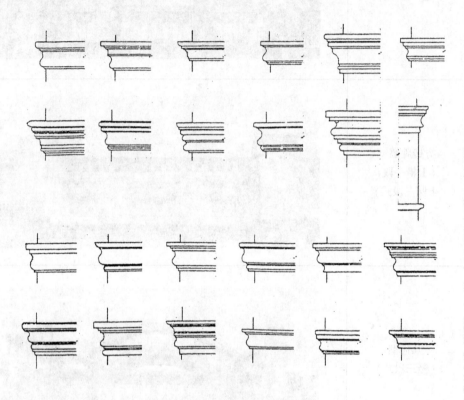

图 4-18　线脚装饰（笔者自绘）

4.5　广西沿海近代建筑的立面特征

4.5.1　立面式样混合搭配

不讲求固定的法式，洋为中用，古为今用，中西结合，融汇创新，传承发展。只讲求比例合适、构图均衡，注重形式美。建筑元素在简化、变异、重构的基础上，按照对称、重复、近似、对比、均衡、虚实、分割等形式美的法则进行构图组合，使建筑立面达到良好的视觉审美效果[6]。

4.5.2 立面分段特征明显

由于立面元素柱式、线脚的广泛使用，使建筑立面整体表现为分段式的立面形式。券拱型通过水平腰线的划分形成横多段式的立面构图；券柱型通过垂直柱式的划分形成竖多段式的立面构图；而梁柱型既有水平划分，也有垂直划分，形成横多段式、竖多段式的网格状立面构图。

4.5.3 建筑元素中西结合

立面造型融汇了中西式建筑元素，中式建筑元素有屋顶、横梁、雀替、牌匾、花瓶形等；西式建筑元素有立柱、线脚、檐墙、烟囱、拱券、阳台、栏杆、宝瓶、十字形等。建筑元素的使用是"你中有我，我中有你"，彼此结合，融合相生。如应用中国传统坡顶的同时加入烟囱以丰富建筑外轮廓线，在檐墙中加入牌匾墙书写建筑名称，在阳台栏杆中嵌入宝瓶或砌筑成花瓶形，在立柱与横梁交接处用雀替构件衔接等。

4.5.4 立面造型整体统一

每栋建筑的立面构成元素相仿，均有台基、立柱、拱券、栏杆、檐墙、屋顶等构件组成，立面形态相似但不雷同。建筑立面具有典型的对称性，由一条中心线统领，形成左右两部分完全对称或相似对称。可以说，广西沿海近代建筑的整体统一是中西传统建造风格的完全继承，中西传统建筑体系都具有形式对称与均衡的追求[7]。

4.5.5 立面装饰简洁素雅

立面装饰简洁实用，没有太多精细的雕饰，没有过于繁琐，装饰元素都经过了简化提炼。立面装饰最大的特征是线脚的大量运用，包括柱头、柱墩、腰线（分段线）、商业牌匾墙、拱券窗、檐墙等部位均使用枭线、混线进行装饰，极富韵律感和节奏感。线脚的作用在于强化建筑立面的水平感与垂直感，使平直的墙面立体感较强，层次清晰，而且线脚形式多样，极少重复。

4.6 广西沿海近代建筑立面形成的原因

广西沿海近代建筑是中西建筑文化交汇融合的物质体现，中西合璧是其立面最显著的特征。立面构成融汇了中西式建筑元素，中式建筑元素有台基、屋顶、横梁、雀替、牌匾等，西式建筑元素有柱式、线脚、檐墙、烟囱、拱券、栏杆等。中西合璧，融汇发展，传承创新，如中国传统屋顶形式融入檐墙、加入烟囱，丰富建筑外轮廓线；在檐墙中嵌入牌匾元素，书写建筑名称，赋予人文内涵；在栏杆中嵌入宝瓶或砌筑成花瓶形、方砖形、十字形，虚实结合使其生动活泼；在立柱与横梁交接处用雀替构件衔接达到和谐自然等。立面构成遵循形式美的法则，在讲求比例合适、构图均衡、中轴对称、和谐统一的前提下，建筑元素在简化、变异、重构的基础上，灵活运用对称、均衡、并列、重复、近似、分割、虚实等手法进行编排组合，形成类型多样、整体统一、构成有序、变化丰富的立面形态。虽然每座外廊式建筑立面元素使用相仿，构成的立面形态相似，但不雷同。以上分析表明，广西沿海外廊式建筑立面形式及其构成与建筑类型、功能布局、平面形制无关，与建筑构图的形式美法则有关，与业主的审美追求、设计者的创作智慧和建造者的技艺发挥有关。

4.7 本章小结

综上所述，笔者在对广西沿海地区 30 栋具有代表性的近代建筑进行实地调研与数据统计的基础上，归纳近代建筑立面类型及其特征，分析其立面构成方法及其元素使用，并深入探究立面形成的背后原因。研究表明，广西沿海近代建筑立面具有浓郁的地域特色，是区别于其他地区外廊式建筑最直观的特点，其根植于当地的自然环境、地域经济文化历史土壤，也深受传统社会建造技术、建筑材料和基本功能要求的影响，以券形、柱式组成券拱型、券柱型，形成以连续的券廊为主的建筑立面，具有式样混合搭配、分段层次明显、元素中西结合、造型整体统一、装饰简洁素雅等典型特征。通过此研究，我们加深对广西沿海近代建筑本体特征的理解，亦可以看到边缘地区近代建筑中西文化融合与发展的过程及民间工匠创造的智慧，其讲求整体统一的立面形式、分段式的立面构图、建筑元素的灵活运用，可为当代北部湾地区城市建筑创作的传承与创新提供借鉴。同时，对边缘地区近代建筑的研究，可以丰富我国近代建筑史研究体系，以期从多角度认识我国近代建筑，加深对近代建筑转型过程和特征的理解，形成完整的研究图景。

◎ 本章参考文献

[1] 藤森照信. 外廊样式——中国近代建筑的原点 [J]. 张复合，译. 建筑学报，1993 (5)：33-38.

[2] 万晶. 西风东渐下的南通近代建筑装饰装修样式特征研究 [D]. 南京：东南大学，2018：11.

[3] 谢漩. 北海骑楼式旧街区保护和更新研究 [D]. 重庆：重庆建筑大学，1996：29.

[4] 莫贤发. 北海老城区骑楼建筑形态研究 [M]. 南京：东南大学出版社，2018.

[5] 梁志敏. 广西百年近代建筑 [M]. 北京：科学出版社，2012.

[6] 莫贤发. 北海市珠海路骑楼檐墙形态特征 [J]. 南方建筑，2017 (2)：123-127.

[7] 陈曦，过伟敏. 近代工商城市的建筑式样与特征探析——以无锡为例 [J]. 学术探索，2015 (1)：126-129.

第5章 广西沿海近代建筑的地域特色

近代时期，在中西建筑文化的交融下，广西沿海地区建造了一批类型多样、独具特色、风格素雅的近代建筑。作为中外文化交流的物质成果，尽管这些建筑造型较为简洁，装饰相对质朴，空间构成单纯，形态变化较少，相对于主流地区的近代建筑而言，示范性作用不突出，引领性标杆也不强烈。但在传统社会与建筑技术的背景下，广西沿海近代建筑在物质空间、立面形式、建筑构造、材料使用等形态特征以及对外来建筑文化的接纳与汲取方面更多地表现出鲜明的地域特色，更加体现了中西建筑文化交流下地方性近代建筑形态的多样性。

5.1 建筑形态的独特性

5.1.1 物质空间

不管是早期的西洋建筑、教会建筑，还是后期的办公建筑、骑楼建筑、居住建筑、文教建筑等，在空间构成上均遵循一定的组合规律，但因服务对象及使用功能不同，其物质空间形态亦不同。通过统计归纳，广西沿海近代建筑有三种空间模式。第一种是"长方形"空间模式，主要应用在教会建筑的教堂上（图5-1），如涠洲盛塘天主堂、涠洲城仔教堂、北海天主堂、罗浮恒望天主堂的主教堂皆为此模式。该模式平面简洁、中轴对称、空间构成单纯、呈长方形的形态特征。空间构成遵循了西方宗教建筑的形制，以山墙面为主入口，门厅为过渡，大厅为核心，祭坛间为中心，形成由主入口—门厅—大厅—过廊—祭坛间组成的纵向空间序列。大厅为巴西利卡形制，由两排列柱划分为三个长方形的纵向空间，中厅较宽，侧廊较小，进一步强化建筑空间的纵深感，在中轴线的尽端为祭坛间，设祭台一座，以突出祭坛的中心地位及耶稣的神圣形象。

第二种是"方形+外廊"的空间模式，主要应用在西洋建筑上（图5-2），如北海关大楼、英国领事馆、德国领事馆、德国森宝洋行等办公建筑。该模式建筑平面多为方形、矩形，平面规整，主要房间尺寸有较强的模数规范。建筑平面不局限以"间"为单位，空间布局以使用需求为出发点，强调不同功能房间之间的有机联系，以门厅、过厅或走廊为主导组织流线，联系上下、左右、前后房间，楼梯结合门厅、过厅或走廊而设，大多在其一侧或末端，附属用房多设在次要位置。外廊较宽，达3米左右，既起交通联系、遮阳通风作用，又具备提供宽敞的室外活动空间的功能，设置灵活自由，可以在建筑的前后、侧

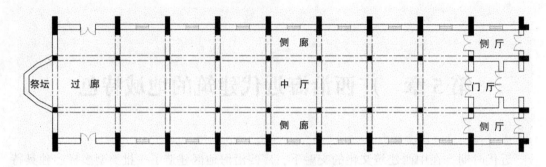

图 5-1　"长方形"空间模式

面及四面，设双面廊、三面廊、四面廊、回廊不等。此空间模式比较简洁实用，充分体现了崇理规范的设计理念，与 18 世纪末的西方建筑强调功能、真实、自然的设计原则相一致。

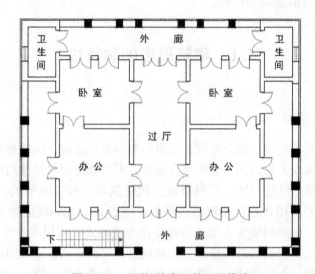

图 5-2　"方形+外廊"的空间模式

第三种是"排屋+外廊"的空间模式，该模式以当地传统民居建筑的形制为参照，建筑平面多为长方形，以间为基本单位，根据实际的使用需求进行横向扩展组合，形成无厅式的三排屋、四排屋、五排屋不等（图 5-3）。房间的开间进深尺度基本一致，并在排屋周边设置外廊，作为房间之间及室内外之间的交通联系，在位置的安排上，灵活自由，无严格的规定，一般建筑主立面或正立面均设有单面廊，也可以在建筑的侧面加设外廊，外廊相对较窄，一般宽 2.2 米以下，这取决于业主的使用需求。此模式是广西沿海近代建筑采用的主要模式，应用极为广泛，不仅包括除教堂以外的教会建筑，还包括办公建筑、骑楼建筑、居住建筑、文教建筑等。

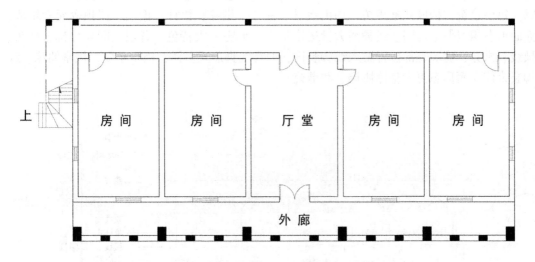

图 5-3 "排屋+外廊"的空间模式

5.1.2 立面形式

以券形、柱式组成券拱型、券柱型，形成连续的券廊或柱廊为主统领的建筑立面，在立面构成上具有较强的规律性，按水平方向划分，整体表现为横三段式构图（图 5-4），即上、中、下三段，并以中段为构图中心，各段之间层次分明，用装饰线脚进行划分，以统一立面的整体水平感[1]。上段从屋檐或檐墙底部到屋顶顶部，为屋顶部分，由屋顶及附属物（烟囱和檐墙）组成。屋顶有中式硬山双坡和西式简化四坡两种形式，烟囱是西洋建筑的典型符号，是屋顶的标配，在一定程度上丰富了建筑的天际线。檐墙指高出屋檐的矮墙，仅有早期建造的英国领事馆、北海关大楼使用檐墙。中段从一层底部到屋檐或檐墙底部，为券廊部分，主要由柱式、券形、栏杆等主要元素组成，极少数为券廊与墙体的组合。柱式一般由柱墩、柱身、柱头组成，单柱、双柱、倚柱皆有使用；券形为半圆形发券造型，顶部大多用券心石装饰；栏杆多为嵌入宝瓶式或转砌十字式，位于两立柱之间，起界定室内外空间作用。券廊部分既是整个立面的视觉中心，也是立面构成的核心部分，其组合形式多样，如采用相同券拱型连续排列，可获得统一均衡、匀称和谐的立面视觉感受；或采用大小不同券拱型组合编排，可获得富于变化、生动活泼的立面视觉感受；采用双柱券拱型或增大拱券宽度来强化立面主入口、转角处或尽端等部位；亦可采用券拱型的券廊与墙体的组合形式营造立面虚实的变化等。下段从地坪线到一层底部，为基座部分，由台基和台阶组成。外国人建造的房屋如领事馆、洋行等多采用地垄层或高台基形式，设通风口，起防潮、通风作用，这是应对广西沿海潮湿气候的一种创新设计，同时也可以衬托建筑高大的形象。而传教士建造的房屋如教会学校、医院、住所等，多采用低台基形式，以降低建筑高度融入当地的建筑体系中，以便传教活动的顺利开展，其作用仅仅是防止雨水侵蚀墙脚。台阶的位置与入口相对应，一般在建筑的正立面或两侧，根据台基的高度采用楼梯、台阶或踏步与上层联系。立面构成不追求固定的法则，只注重造型的形式美感。每座建筑的构成元素相仿，均由台基、柱式、拱券、栏杆、檐墙、屋顶等元素组成，立面形态相似但不雷同。线脚的大量运用是立面形态一大特色，各段之间及柱础、柱头、腰线、拱券、檐墙等部位皆融入线脚装饰，而且线脚形式多样，极少重复，极富韵味。线脚装饰使立面形态更为整体协调、和谐统一。

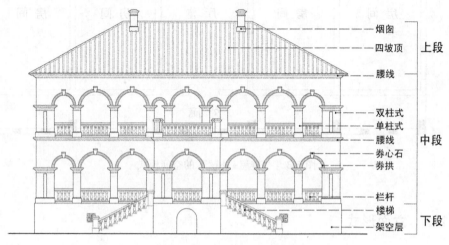

图 5-4　横三段式的立面构图

5.1.3　建筑构造

　　广西沿海近代建筑仍是基于传统的工匠体系而营造的，并未形成系统的转型与革新。在构造形式上，将西式的砖（石）柱墙、拱券、桁架形式与中式的硬山搁檩相融合，发展形成新的砖（石）木混合承重结构体系[2]。即以地垄、柱墙、拱券为主要的竖向承重构件，而以木楼楞、木桁架为主要的横向承重构件。地面砖砌地垄墙，铺设地砖；券柱结合支撑外廊部分的承重，墙体既有承重结构的功能，支撑屋面与楼面，又有围护构件的作用，分割室内空间；楼面将木梁嵌入砖墙或砖柱按一定间距排列形成楼楞，再在楼楞上铺设木楼板；屋顶为硬山搁檩或桁架搁檩的构造形式，屋面以砖墙或木桁架为支撑，搁置桁条，在桁条上搭接椽条，然后铺设瓦片。这是广西沿海近代建筑普遍采用的一种建造方式，充分体现了别样的中西结合与大胆的传承创新。如北海关大楼的立面造型是西式券廊形式，建筑构造却是中式的砌筑技术与抹灰粉刷；屋顶是西式四坡顶形式，屋面却采用中式板筒砂浆裹垄做法，反映了西洋建筑对我国传统建筑技艺的借鉴与吸收。在材料使用上，因地制宜、就地取材。充分利用当地的青砖、石材、黄泥、石灰、杉木等传统建筑材料，青砖作为主材一般用于砌筑建筑的墙体、立柱；黄泥、石灰用作墙面的抹灰。石材坚实抗腐蚀，多用于墙脚、台阶、门槛；杉木质地坚硬、结构均匀、不翘不裂，多用于横梁、楼板、门窗、楼梯等部位。涠洲盛塘天主堂、涠洲城仔教堂在材料使用上更是别出心裁，充分利用涠洲岛上的资源条件，将火山岩石加工砌筑成石柱、石墙、石斜撑件、石门窗框，用珊瑚碎石、黏土、红糖、糯米混合材料夯筑墙体和围护构件；黄泥、海沙自制砖瓦；螺壳灰、石灰粉墙，竹木加工用作桁条、椽子，极具地域特色。同时，与时俱进，大胆创新，应用钢材、水泥、铁艺、玻璃、瓷砖等新型建筑材料，如楼梯采用钢骨水泥踏板、铁艺栏杆，透明玻璃窗户、拼花瓷砖地面等。例如，竹山三德天主堂建造的瓦块产地法国，林翼中故居的红砖、地面花砖来自中国香港，建造覃伯棠旧居的钢筋水泥来自法国。

5.1.4 建筑选址与环境

西洋建筑大多位于城市近郊，建筑选址并不刻意追求交通出行的便捷，似乎更多地关注自然环境的优美程度，向往大隐隐于市的境界，占地面积较大，建筑居中，四周皆有围墙，大门围合形成庭院，划分出属于自身独立的空间领域，庭院内种植花草树木，注重优美环境的营造，如北海关大楼、法国领事馆等。教会建筑多位于村落之中，在山林环绕，树木映衬下显得更自然清新，通过这种异域建筑形象来展示其西方建筑文化的特质，并吸引当地民众的关注，如北海涠洲盛塘天主堂、东兴罗浮恒望天主堂等。部分居住建筑位于市区之内，多建于街道一侧，其鲜明的建筑形象成为当地建筑时尚样式，以彰显主人的身份与地位，如北海瑞园、合浦槐园、东兴陈公馆等。还有的居住建筑融入商业街区之中，成为骑楼街道的一部分，如北海永济隆、防城港覃伯棠旧居等。而大多居住建筑位于乡村之中，这些地方视野开阔，树木林荫，环境清幽，景色优美，建筑率直地隐藏与山水植被之中，与自然环境融为一体，形成了本地村落的鲜明特色，如合浦林翼中故居、浦北谢家五凤堂等。

5.2 外来建筑文化在广西沿海地区传播与影响的驱动机制

文化传播是指不同地区之间人与人通过符号或媒介进行交流、沟通与共享文化信息的社会互动过程，也称为文化扩散。文化传播具有以下特性，首先，在传播的过程中保证原文化延续性，同时不同的文化在传播过程中相互修正与补充并产生新的创造。其次，传播会促进文化变迁和整合，当文化在传播中受到外界刺激时会发生抵触、兼容或重组现象，其结果都会导致原来文化发生变化[3]。文化传播一般有直接传播、媒介传播、刺激传播三种主要模式，外来建筑文化在广西沿海地区的媒介传播主要以西式建筑为载体。文化传播是内因与外因共同作用的结果，内因是主导的因素，外因起推动的作用。文化传播过程可归纳为接触—选择—采纳融合三个阶段，均体现扩散性、趋低性、双向性、渐进性、选择性的特点。跨文化传播是指不同文化之间以及处于不同文化背景的社会成员之间的交往与互动，涉及不同文化背景的社会成员之间发生的信息传播与人际交往活动以及各种文化要素在全球社会中流动、共享、渗透和迁移的过程[4]。在本书中，跨文化传播具体指西式建筑（主要是指由外国人建造的西洋建筑、教会建筑）所代表的外来建筑文化与广西沿海地区传统建筑所代表的传统建筑文化之间相互交流融合的特点与规律。跨文化传播学是文化传播学的一个重要组成部分，因此，以外来建筑为代表的西方建筑文化在近代广西沿海地区的传播亦遵循跨文化传播的规律。

"中""西"建筑系统的差异表现在其物质空间、立面形式、建筑构造、选址与环境上各自都有鲜明的元素符号。作为一种伴随外来文化传播的建筑形式，西式建筑传入广西沿海地区后，在依据当地自然气候、地理环境、经济状况、技术材料等条件作出调整的基础上也保留了自身空间、形式、构造上的一些固有建筑元素，这些元素的选择都受到一些内因和外因的共同影响。内因是外来建筑特有的品质，外因是影响其作出调适的外部条件，内外因素的双重作用决定了广西沿海近代建筑在形态上的选择。

5.2.1　内因

外来建筑的文化优势作用，跨文化传播发生的内在条件在于两种文化整体或局部的势能不同，并且一般都是由高势能的文化向低势能的文化进行渗透。近代西方国家在经历了工业革命后，建筑设计理念、建筑技术、建筑材料都有了飞跃式的发展，有专职的设计事务所及建筑师、专业的施工团队、先进的建筑设备，都体现了工业文明的时代特征。因此，外来建筑文化处于高势能的态势，而这一时期中国正处于封建社会的末期，传统建筑已经定型，受建筑观念、材料与技术的限制很难有较大的转变与发展[5]，传统建筑文化处于低势能的状态。因广西沿海城市北海的开埠通商，外来建筑文化以直接输入的方式进入广西沿海地区，与中国传统建筑文化产生碰撞、交流与融合、发展。如在建筑营造方面，外国人带来先进的设计理念与建筑技术，建筑设计基本遵循实用、坚固、美观的设计理念，不受宗法制度、等级观念的封建规范体系制约，譬如崇理的设计原则、简洁的建筑形体、合理的功能布局、规范的建筑模数、严谨的构图法则等。为显示西方建筑文化的优势及西式建筑特有的品质，在设计建造的过程中，外国人有意识地保留了西式建筑在自身空间、形式、构造上具有代表性或自身特色的建筑元素：如设置外廊，不仅提供了宽敞的室外活动空间，也起到交通联系、观景、遮阳、通风的作用；建筑立面横三段式的构图，特征显著、层次清晰，造型虚实结合，光影效果明显，体量感十足等打破了传统建筑立面单调密实、缺乏变化的样式。新型的建筑材料让建筑更加坚固耐用。采用先进的砖砌技术极大增加了建筑层高，使用跨度较大的立柱拱券结构支撑坡屋面，拓宽了建筑开间以获得更宽敞的室内空间；采用券廊式的立面造型使建筑体量轻盈通透；保留以壁炉为中心的室内布局以示对自身文化的坚守与情怀；门窗套、天花石膏线脚装饰、地面拼花瓷砖铺贴使室内环境更加舒适美观。另外，由于教堂对教会礼仪的承载，规格较高的天主教主教堂基本遵循西方宗教建筑的样本，中轴对称，保留了以山墙面为主入口及大厅巴西利卡式的建筑形制，强调纵向的空间序列等。诸如此类特有的品质使得西式建筑在当地传统建筑风貌下显得与众不同、格外醒目。

5.2.2　外因

跨文化传播通常伴随一些外力的推动或制约作用，使得一种文化在传播到其他地区后会产生一些变化。外部条件包括但不限于气候环境、经济条件、材料使用、技术支持等因素。广西沿海地区作为北部湾地区通商口岸、经济中心、交通枢纽的社会背景决定了其对外来建筑文化的接受程度高于其他内陆城市，外来建筑文化被作为一种社会风尚被认同、接纳与欣赏，为西式建筑的跨文化传播与交流创造了前提条件。与此同时，受条件限制，使得以西式建筑传入广西沿海地区后会对自身的物质空间、立面形式、建筑构造进行自我调整与改进，对传统建筑进行借鉴与吸纳，以便更好地融入地方建筑中。外来建筑文化的传播者会有选择性地保留西式建筑具有代表性或自身特色的建筑文化符号诸如外廊、烟囱、柱式、拱券、桁架构造、砖砌技术等加以传播推广。因此以西式建筑为代表的外来建筑文化的传播形式是片段化的，并在传播与影响的过程中与地方建筑为代表的中国传统文化交流互动而发生变化、融汇创新，形成新的建筑文化符号，如在物质空间上，为使传教活动顺利展开与获得当地民众的认可，教会建筑（除天主教主教堂外）更多地体现了对传统建筑空间形式的汲取，融合中国传统建筑语汇，以使教会建筑在中国文化背景下调适；在空间构成上，采用当地民居建筑中以间为单位的排屋形式，楼梯单调设置在建筑一侧；在立面形式上，柱式造型的变异、拱券装饰的简化、烟囱与坡屋顶形式的结合，底层设置架空层或地垄层；在建筑构造上，拱券结构、桁架与硬山搁檩的融合，砖砌技术与本土工匠技艺的调适，采用双层百叶玻璃门窗等，从而形成独特的建筑形态。同时，受外来建筑文化影响的传统建筑，对西式建筑的建筑式样、符号元素的吸收也是片段化的，民众往往根据自身的需求选择在建筑立面上设置外廊，附加柱式、拱券、阳台或其他符号元素，在建筑屋顶加设烟囱、采用三角形桁架结构等，而传统建筑的建筑体制、空间格局并没有发生根本性的改变。纵观广西沿海地区现存的近代建筑，没有任何一座单纯为中式或西式的建筑风格，或多或少都具有中西文化融合的痕迹。

5.3 广西沿海近代建筑的地域特色

广西沿海地区在传统社会与建筑技术的环境下，特定的地理环境与社会背景决定其对外来建筑文化的适应性接受方式及情形与众不同，不仅涉及这一地区的城市，也涉及圩镇、传统村落等问题，更为综合，也更有独特的地域性。

5.3.1 文化来源多元

在文化来源上，广西沿海近代建筑文化既不同于上海、广州、天津等主流城市在近代时期所受到强烈影响的西方建筑文化，也区别于闽南、潮汕、五邑等沿海地区以华侨媒介输入的外来建筑文化。广西沿海地处北部湾北部，东临广东，西濒邻国越南，南望海南，北靠滇黔，面向东南亚，是西南地区最便捷的出海大通道，优越的地理位置和良好的港口运输使其成为对外开放的前沿。近代时期，广西沿海地区作为通商口岸，沿边沿海城市，桂南粤西政治、经济、文化中心，西南地区货物流通的出海口通道等角色，不仅与广州、香港、澳门等珠三角地区，也与东南亚国家、欧美等地区的经贸、文化往来频繁。外来建筑文化对广西沿海地区的影响，不仅有从欧美国家直接输入的原始西方建筑文化，还有从东南亚国家、我国广州等地间接输入经过融合的西方建筑文化及其两者交互形成的多元外来建筑文化。因此，该地区的文化来源具有多元化的特点。

5.3.2　传播途径多样

传播途径不同，因文化来源的多样化，致其传播途径亦多样化。传播媒介有传教士、外国人，还有地方政府、社会精英及普通民众等。西方传教士是最早在广西沿海地区传播西方建筑文化的人员，早在 1840 年鸦片战争之前，法国天主教会以法殖民地安南（今越南）为传教基地向中越边境的广西防城港东兴市传播西方宗教文化，于 1832 年建造了罗浮恒望天主堂，此后相继建造了竹山三德天主堂、江平天主堂。1867 年法国天主教会派传教士从广州到北海涠洲岛传教，并在岛上租买田地建造了涠洲盛塘天主堂、涠洲城仔教堂。这些教堂在平面形制、空间布局、建筑造型上均与法国哥特式教堂极为相似，有理由相信该地区早期的教会建筑样式是移植过来的，是直接受西方宗教文化影响而形成的。1876 年北海开埠通商后，使该地区成为传播西方建筑文化的主要窗口，外国人来北海开展政治、经济、文化活动并在北海建造了领事馆、海关、洋行等一批带有西式券廊特征的建筑，藤森照信称之为"外廊样式"，作为广西沿海地区早期近代建筑的代表。这些建筑一般为两层，少数一层或三层，占地面积不大，平面呈简单方形或长方形，带有宽敞的外廊，多为西式四坡屋顶形式，底层设有地垄层或高台基，功能上多数是商务办公、政务办公与生活居住的综合体。

辛亥革命爆发后，民族意识觉醒，国家层面自上而下掀起了学习西方文化的浪潮。学习建筑文化是其中重要一项。在城市建设方面，骑楼由"外廊样式"演变而来，因适应岭南地区炎热多雨的气候和利于商业活动的开展，在 20 世纪 20—30 年代岭南地区"市政改良"运动中，骑楼被各地政府作为一种城市商业街道的建设模式普及推广，从而导致了广西沿海地区城乡建设出现"泛骑楼化"的城市景观，形成了规模较大、集中成片的骑楼街区，如北海老街区、合浦老街区、钦州老街区等。与此同时，为了推动地方文化教育事业的发展，各地兴办新式学堂，建造了一批文教建筑，如北海市的合浦图书馆、中山图书馆，钦州市的联保小学堂，防城港市的谦受图书馆、明江中学教学楼等。这些文教建筑同样受到外来建筑文化的影响，在造型和装饰上皆融入了西式建筑元素。民国时期，该地区军、政、商、学等各界精英较多，如爱国将领陈铭枢、邓世增，商界精英张午轩、林凤池，地方官员许锡清、黄知元、廖国器等。作为精英阶层的代表，大多有留学或接受过西方文化教育的背景，他们是学习西方建筑文化的主力军，在建造住宅时，推崇西式建筑样式，致使"洋楼"风靡一时，遍布各地，如北海市的槐园、瑞园等，钦州市的苏廷有旧居、申葆藩旧居、郭文辉旧居等，防城港市的陈济棠公馆、廖道明故居、陈树坤旧居等。在地方乡绅之中，趋新慕洋之风亦盛，在建造住宅时，亦效仿西式建筑样式，在立面造型上也融入了西式建筑元素，如钦州市的龙武庄园、谢家五凤堂、豫园围屋等。因此，西方建筑文化在广西沿海地区的传播途径呈现多样化的特点，有西方传教士、外国人的直接传播，也有地方政府的积极推广、精英阶层的推崇效仿、社会民众的借鉴参考等。

5.3.3　接受方式主动

接受方式不同：广西沿海地区自古至今都是一个对外开放的区域，民众在崇尚海洋、探索海洋、利用海洋的过程中逐渐形成一种海纳百川、开放进取的城市文化，常以一种兼容并蓄、为我所用的积极心态对待外来事物。在"西学东渐"的过程中，作为得西方风气之先的广西沿海地区，对于外来建筑文化的输入，既不同于上海、广州等地的被动接受，也不同于闽粤沿海地区的华侨注入，外来建筑文化被作为一种"时尚潮流"推崇效仿和主动汲取，并与本土建筑文化融合发展，实现增值与创新。例如，北海关大楼的建筑立面是西式的券廊形式与中式的砌筑技术的结合，屋顶是西式四坡屋顶形式，屋面构造却采用中式板筒砂浆裹垄做法，反映了西洋建筑对我国传统营造技艺的借鉴与吸收。而中西合璧的骑楼建筑，更是体现了中西建筑文化的兼容并蓄。

互动结果不同：既不同于南京、上海、广州等主流城市近代建筑的系统转型与变革发展，也不同于闽粤沿海地区近代建筑的华侨输入与综合模仿，广西沿海近代建筑仍是基于传统的工匠体系而营造，并未形成系统的转型与革新，建筑多以排屋结合外廊的空间格局为主，仅仅是局部模式（主要体现在立面造型上）的接纳与吸收，西方建筑的元素符号（如外廊、拱券、檐墙等）被本土工匠糅合到传统建筑的体系中[5]，形成"西皮中骨"的建筑形态。

西式建筑在广西沿海地区传播与影响的过程中，无论是西式建筑本身还是受影响的地方建筑都需要依据对方的文化信息编码作出适当的调整和适应，使得外来建筑文化与传统建筑文化相互接受对方文化特质，以实现文化上的融合与涵化。主体文化与客体文化涵化的过程中，融汇彼此文化特质，更新自身文化传统，使主体文化在维持其基本文化特质的基础上获得新生[6]。西式建筑与地方建筑的跨文化涵化过程一般会经历接触—选择—采纳三个阶段，第一个阶段是反复实践、不断摸索的过程，在这一个过程中，要发现传播双方共享的某些认同，如建筑采用横三段式构图、强调中轴对称、柱墙承重等；第二阶段是把传播双方的认同融为一种互相接受的、趋同的关系认同，尽管他们的文化认同仍然存在差异；第三个阶段是对认同进行重新协商的阶段，把采纳的外来文化元素融入本民族文化之中，创造出新的文化形态[5]。西式建筑主要以教会传播、通商传播两种途径对广西沿海地区传统建筑产生影响，自北海开埠通商后，此后外国人和传教士来此从事政治、外交、经济、传教等活动，并相继建造了海关、领事署、洋行、教堂、学校、住所等一批西式建筑，将外来的建筑样式直接照搬进来，并与地方建筑开始接触。在碰撞与交流过程中，地方建筑的建造者发现西式建筑在空间模式、构图法则、建筑技术及建造理念等方面的优点，并开始学习、借鉴、效仿，在建造过程中也会考虑其与传统建筑体系的适应性，有针对性地选择一些适合地方建筑的西式建筑元素符号应用到自身的建筑体系中并进行反复探索得出经验，有一些代表外来建筑文化的典型符号如外廊、拱券、柱式等被保留下来与当地的建筑文化融合，并在后续的建筑实践活动中传播发展，这也是对其自身的建筑文化的一种促进，以实现可持续发展，保持与时俱进的活力，增强民族文化自信心。西式建筑的建造者同样也会以一种"入乡随俗"的姿态学习地方建筑的长处，并应用到自身建筑实践中，创造出具有地域特色的建筑形态。在广西沿海近代建筑中不难发现，一方面，由于很多西式建筑有本土工匠参与建造，他们将自身熟悉的传统建筑体系的元素应用到西式建筑的建造中；另一方面，也显示了作为外来建筑文化的传播者，为适应本地建造规制所作出的调整而对传统建筑式样有所吸纳。

5.3.4 影响范围广泛

影响的范围大：各个市县、圩镇、乡村都有近代建筑遗存，呈现以城市为中心层级式向村镇扩散的特点。影响的类型多：不仅涉及办公建筑、教会建筑、文教建筑、骑楼建筑等公共建筑，还包括独立式住宅、骑楼式住宅、庭院式住宅、碉楼式住宅等居住建筑，致使广西沿海近代城乡风貌呈现异彩纷呈的景观特色。

综上所述，广西沿海地区对外来建筑文化的适应性接受方式与影响情形，不仅涉及这一地区的城市，也涉及圩镇、村落等问题，更为综合，也更有独特的地域性。外来建筑文化在广西沿海地区被作为一种"流行样式"受到推崇效仿和主动汲取，在当时的政治局势、自然气候、地理环境、经济状况、材料工艺等多方面因素的影响下，与本土建筑文化融合发展，实现了增值与创新，形成中西合璧的地域建筑文化。纵观该地区现存的外来建筑及受外来建筑文化影响的骑楼建筑、办公建筑、居住建筑等，没有任何一座单纯为中式或西式的建筑风格，或多或少都具有文化融合的痕迹。外来建筑文化的传入给广西沿海城市景观和地方建筑带来的影响，打破了晚清固化的传统建筑形制和布局，也使得地方建筑获得了更加优异的建筑空间质量和丰富的立面形式，这是外来建筑文化给地方建筑带来的增值和创新。同时，除了具象的表面形式和空间以外，西式建筑的传播和影响也引起了传统建筑建造理念的革新，人们开始转向与关注新型的建筑材料与技术，在此基础上实现了很多建筑形式的创造，虽然这种革新是缓慢的，有时甚至是逆向的，但作为地方民众主动汲取跨文化元素并实施的建筑实践，其本身的意义大于形式和结果。跨文化传播是双向的、彼此促进的，因此增值与创新也不仅仅发生在地方建筑中。地方建筑的建造规制以及材料技术也会对西洋建筑、教会建筑的形式也产生很大的影响，这种影响体现在西洋建筑、教会建筑传播和影响的过程中依据本地资源条件和建筑形制对自身的形式所作出的调整与适应，使得其本身的发展得到补充与完善，并创造出异于其原本式样的新样式。如西式建筑往往形制严整，追求理性思想，强调人对环境的把控力，但纵观广西沿海近代建筑，其朴实的风格、简洁的造型和适宜的体量，建筑群体合理的布局方式以及与周边环境完美的结合是对我国传统建筑顺应自然、师法自然价值理念的借鉴。

5.4 广西沿海近代建筑的文化价值重塑

在近代建筑价值认定上，人们习惯于套用某种先在的或是潜意识的标准，民间和学界所关注与推崇，更多的是倾向于南京、上海、厦门、广州等中心城市或主流地区的近代建筑，似乎只有它们才是近代建筑的代表和典型，保护实践中对有关价值评估法规的教条化应用（如规模大小量化指标），则进一步强化了上述趋向。这种评价方式，尽管对于判断近代建筑遗产价值提供了捷径，但若固化为一种模式，则遮蔽和模糊了应有的评价规则[7]。而笔者认为，与那些主流地区闻名遐迩的近代建筑一样，广西沿海近代建筑也是中外建筑文化交流融合的物质成果，是劳动人民的智慧创造，正是在这个意义上，它们是可以与宏大而华丽的近代建筑相对等的另一种模式。重要的是，这种模式更加体现了中外文化交流的多样性与地域性。

当代人类学者的研究早就揭示了这样的道理：文化的塑造并不是某些集团的专利，普通民众同样在日常生活中参与文化建构。尽管经过掌握话语权的文人的叙述，人为形成文化上的强势、弱势的差异，但作为文化的多样形式，它们之间不应有等级差别。因此，对于近代建筑遗产价值的认定，也不能完全以建筑规模面积大小、空间布局复杂与否、工艺水平精致程度等外在的物质条件作为依据，而关键是拨开迷雾，发掘其内在的文化内涵和历史意义，构建特定时期下一定区域的文化系统。通过研究表明，广西沿海近代建筑遗产具有自身独特的价值，而这种价值，并非是一眼就能被"鉴定"出来的，而是需要我们去研究、发掘与凝练。

由于近代建筑遗产皆与特定区域相联系，它们在建构和展示地域文化体系方面具有不可替代的作用，因此地域性维度通常被作为文化价值的主要方面。这种把近代建筑遗产置于全国背景之中进行价值考量，本是自然的无可厚非的做法。但同时我们注意到，通常所说的地域性维度，存在贬低边缘地区或中小城市近代建筑遗产文化价值的危险或被冠以"文化边缘""非主流文化"的解释，如此，其文化价值自然就大打折扣了；同样，基于文化一体的观念，尽管对近代建筑遗产"地方特色"的挖掘有助于充实我国的总体文化史和文化体系，但难免不被视为一种初级性和从属性的研究层次，甚至认为这些研究是可有可无的"量"的增加而已。显然，上述对于近代建筑遗产文化价值与地域性的认识，仅囿于"国家—地方"二元对立的语境，是用国家文化历史的话语去表达和诠释边缘地区近代建筑的理解和研究。如此，特定地域的近代建筑遗产所呈现出来的所谓"地域特色"，在多大程度上有助于全国范围的近代建筑文化体系的建构就令人生疑了。笔者认为，对于包括广西沿海地区在内的边缘地区近代建筑遗产价值的认定，在认识和方法层次上应该超越"国家—地方"前提下的"地域性"老路，尤为重要的是摒弃出自国家话语权下的历史文化观念，积极地建立近代建筑新的研究范式和价值解释体系。或许，对于边缘地区近代建筑遗产的文化价值的认定工作，历史学人的经验和看法对我们不无启发："特定的区域，与其被视为历史过程的单位，不如理解为人们历史活动的空间，这种历史空间，一方面为历史人物的活动提供了条件和限制，但同时也是人们自己的历史创造，是一种历史时间展开过程的表现。"[8]对于广西沿海近代建筑遗产价值的认定，关键在于思路的转变。我们力求厘清发掘近代建筑遗产文化价值的思路和途径。我们认为，广西沿海近代建筑遗产是中外建筑文化在交流融合中博弈、角力而形成的特定的文化成果。由此，在对广西沿海近代建筑的物质空间、立面形式及建筑构造等营建活动方面的探究，我们更为关注当地民众应对外来建筑文化所表现出来的创造智慧。通过对广西沿海近代建筑遗产进行实地调研、统计分析和深入探讨，我们读出了对当代人仍具有启发意义的普通民众的睿智。

尽管广西沿海近代建筑对外来建筑文化的吸纳和营建活动所表现出来的创造智慧理所当然地也表现出鲜明的地域特征，对这些特征的总结和把握固然也无可厚非，但显然不能简单地把之归属为中西合璧的文化特色。在学理研究和价值判断上，这些所表现出来的普遍意义上的地域特征不是它们的核心价值所在，不应该作为研究重点。相反，这些相同或近似之处，往往是以固有的某种框架或已有的案例衡量得出的，或是以肤浅的比较法为基础的。强调共性、忽视独特性的做法，在很大程度上抹杀了近代建筑存在的意义，遮蔽了其应有的文化价值。近代建筑遗产的文化价值判定与建筑规模和构成的复杂性关联不大，与建筑形态的"共性"及其普遍意义也无必然关系。

5.5　本 章 小 结

综上所述，对广西沿海近代建筑形态特征的把握显然不能简单地归纳为中西合璧特色，这样就遮蔽和模糊了其独特的建筑形态特色。通过对近代建筑的物质空间、立面形式、建筑构造、材料使用等内容进行分析与探讨，我们可以得出以下结论：物质空间形态多样化，有"长方形"空间模式为代表的教堂建筑，有"方形+外廊"空间模式为代表的西洋建筑，有"排屋+外廊"空间模式为代表的教会建筑（教堂建筑除外）、居住建筑、文教建筑等；立面形式以券形、柱式组成券拱型，形成连续的券廊为主统领的建筑立面，整体表现为横三段式的构图，分段特征显著、层次清晰，造型虚实结合，光影效果明显，体量感十足；建筑构造以西式柱墙承重、拱券形式、桁架支撑与中式的硬山搁檩、木楞楼面相结合；材料使用新旧结合、中西混用，既有钢材、水泥、铁艺等新型建筑材料，又有竹木、青砖、石灰、黄泥、石材等地方材料。中西建筑元素融合发展，最终形成了广西沿海近代建筑既保留传统建筑自身的地方特色，同时兼具外来元素特征的建筑形态，即在建筑构造及材料使用上带有强烈的地方色彩之"中"与在物质空间、立面形式上保留着外来建筑之"西"的特色，这正是广西沿海近代建筑形态别样的"中"与"西"。

文化传播让文明得以不断演化、保持蓬勃的生命力。各民族文化相互交流、借鉴与融合，有利于世界文化的繁荣与发展。外来建筑文化在近代广西沿海地区的传播及其影响属于跨文化传播的现象，作为中外文化交汇前沿，其特定的地理环境与社会背景决定其对外来建筑文化的接受方式，既不同于上海、广州等主流城市近代的西方建筑文化，也区别于闽粤沿海地区以华侨媒介输入的建筑文化，外来建筑文化在广西沿海地区被接纳的关键在于社会意识和风尚上的认同与欣赏，是对外来建筑文化的主动汲取而非被动接受与植入。作为一种跨文化传播的载体，以西洋建筑、教会建筑为代表的外来建筑在广西沿海地区发展过程中经历了对自身建筑符号的筛选以及对传统建筑符号的借鉴，并经过建筑实践活动与建筑形制和建造技艺的调整与融合，最终形成具有鲜明的地域特色的广西沿海近代建筑。无论是作为传播方的西洋建筑、教会建筑，还是作为接受方的广西沿海地区传统建筑，两种不同的建筑体系在反复实践和不断的摸索调整与整合，以寻求双方的共性，并实现共同的增值发展。而且，社会民众对外来建筑文化的接纳、对先进建筑理念及技术的汲取以及对本民族建筑自身优点的坚持，对当代广西沿海地区在全球化背景下地域建筑文化的走向有着深刻而积极的借鉴意义。

◎ **本章参考文献**

[1] 莫贤发. 北海老城区骑楼建筑形态研究 [M]. 南京：东南大学出版社，2018：106.

［2］廖元恬，李钢，等. 北海近代建筑保护和利用的探讨［C］//博物馆藏品架起沟通的桥梁——广西博物馆协会首届学术研讨会暨广西壮族自治区博物馆第七届学术研讨会论文集. 2014：241-253.

［3］王瑜. 外来建筑文化在岭南的传播及其影响研究［D］. 广州：华南理工大学，2012：18-22.

［4］孙英春. 跨文化传播学导论［M］. 北京：北京大学出版社，2008：41-54.

［5］葛琳. 深圳近代教会建筑传播与影响研究［M］. 南京：东南大学出版社，2016：130.

［6］杨秉德. 中国近代中西建筑文化交融史［M］. 武汉：湖北教育出版社，2008.

［7］乔迅翔. 乡土建筑文化价值的探索——以深圳大鹏半岛传统村落为例［J］. 建筑学报，2011（4）：16-18.

［8］刘志伟. 区域史研究的人文主义取向［M］//姜伯勤. 石濂大汕与澳门禅史. 上海：学林出版社，1999：2.

[2] 陈志宏, 王. [闽南侨乡建筑和聚落的现代变迁] [C]. 中国近代建筑史国际研讨会暨第四届优秀近代建筑保护学术研讨会论文集[M]. 北京：中国建筑工业出版社, 2014: 244-250.

[3] 杨宏烈. 北海近代骑楼建筑历史文化探讨[J]. 北海：北海出版社, 2015: 16-19.

[4] 莫贤发. 北海骑楼建筑形式探讨[M]. 住宅与房地产, 2016: 130.

[5] 吴庆洲. 中国近代建筑的历史意义[C]. 北京: 清华大学出版社, 2005.

第6章　广西沿海近代建筑的保护利用

近代建筑是历史留给人类的宝贵财富，具有历史、艺术和科学价值，是人类文明与社会进步的重要标志，见证了中华民族百年来的荣辱变迁，体现了一个城市独特的建筑风貌，反映了某区域的地方特色，构成了丰富多彩的建筑文化遗产，承载不可再生的历史信息。因此，保护和利用好近代建筑，对于传承历史文化有着重要而深远的意义。长期以来，由于特定历史的原因，与历史悠久的古代建筑和多姿多彩的民族建筑相比，对于广西沿海近代建筑的保护利用，是一项较为薄弱与滞后的工作，而近代建筑的保护与再利用对于社会经济快速发展、城市大规模改造建设的当下，却又是一个相当现实而又十分紧迫的问题。

广西沿海近代建筑是北部湾地区近代对外开放的历史遗存，是中西文化交流的产物，是北部湾近代史的"活化石"，蕴含着丰富的历史文化、建筑艺术、文化旅游、社会教育等方面的重要价值。一座座城市是一个个风貌，一片片历史街区有一串串记忆，一栋栋近代建筑呈现一段段历史，甚至一个阳台、一个楼梯、一个家具都有一个个故事……广西沿海地区近代的历史就在这一座座城市、一片片街区、一栋栋建筑中交汇编织起来，它们展现了广西近代社会发展变迁的历程，记录了广西沿海近代建筑兴起发展的嬗变。因此，深入挖掘广西沿海近代建筑丰富多彩的文化内涵，通过整合历史文化资源，充分凝练其价值特色，对于提高城市文化品位，促进北部湾区域文化构建具有重要的现实意义。

6.1　广西沿海近代建筑的价值特色

6.1.1　历史文化价值

百年风云巨变，百年岁月留痕。广西沿海近代建筑作为多元文化下的历史见证，它目睹了广西社会经济发展的百年荣辱兴度。作为对外开放及中外文化交流的物质成果，记载着近代北部湾地区的历史、社会、经济、文化、艺术等方面的内容。它既叙述了清中晚期经济、社会结构转型变化的过程，又记载了跌宕起伏的民国历史；既体现了对本土建筑文化的传承及对外来建筑文化的吸纳，又展现了近代时期北部湾地区近代建筑融合发展的历程。广西沿海近代建筑风格独特，在物质空间、立面形式、结构构造、装饰艺术等方面具有鲜明的地域特色，且在西南地区较少遗存，蕴含着丰富的历史、人文价值特色。无形的记忆需要有形的物质来承载,对它们进行开发利用,将这些历史记忆通过物质的形式展现在人们眼前,有利于现代人们深入了解历史、认识社会原貌,同时还能有效地还原历史真相,具有收藏和展示历史记忆的重要意义。

6.1.2 建筑艺术价值

建筑艺术是指按照美的规律,运用建筑艺术独特的艺术语言,使建筑形象具有文化价值和审美价值,具有象征性和形式美,体现出民族性和时代感。广西沿海近代建筑的形态特征明显,其简洁的形体、有韵律感的立面形式、独具特色的装饰艺术、个性的建筑符号等,给人带来强烈、直观而又赏心悦目的美的享受。尤其在立面造型上具有鲜明的地域特色,建筑构图遵循形式美法则,在讲求比例合适、构图均衡、中轴对称、和谐统一的前提下,中西建筑元素在简化、变异、重构的基础上,灵活运用对称、均衡、并列、重复、近似、分割、虚实等手法进行编排组合,形成类型多样、整体统一、构成有序、变化丰富的立面形态,呈现出具有强烈中西合璧的艺术风格,具有很强的建筑艺术美感,如规则式的立面构图、节奏连续的拱券回廊、整齐划一的方形立柱、富于变化的线脚造型、层次清晰的墙面分割等,展现了北部湾地区近代建筑鲜明的艺术特征及独特的建筑风貌。

6.1.3 文化旅游价值

广西沿海近代建筑在很大程度上体现了北部湾地区的城市风貌和独具特色的人文景观,具有很高的旅游开发价值。通过旅游开发,让近代建筑的文物价值转化为旅游资源,有利于完善北部湾地区的旅游格局,提升该地区的知名度和美誉度,提高钦州、北海、防城港城市的文化品位和形象特色,增强其旅游吸引力,促进旅游业的健康、持续发展。同时,为该地区创造更多的就业机会,带动地方相关产业的发展,服务地方社会经济建设。

建筑是一种历史,也是一种文化,更是一种艺术。建筑饱含着从过去时代流传下来的信息,是历史记录的真实载体,能使人们产生丰富的联想并得到美的享受。因此,广西沿海近代建筑的旅游开发具有很强的实用性[1]。通过对现存近代建筑的旅游开发,可以使国内有关专业人员、师生和建筑爱好者不出国门就能浏览西方建筑艺术,就近汲取、学习和借鉴西方建筑文化精华,丰富自己的建筑设计构思和创意,提高建筑美学欣赏水平。

6.1.4 社会教育价值

由于近代建筑特殊的历史背景,每一栋建筑的背后都有一个生动而有趣的故事,或发生过历史事件,或与历史人物相连,诉说一段历史。它们是看得见、摸得着的近代史"活化石",作为近代历史进程中的物质遗存,广西沿海近代建筑见证了近代时期北部湾地区的发展,具有一定的社会教育价值。把近代建筑旧址打造成为科普教育基地,作为弘扬传统文化,提高国民素质教育,激发国民爱国、爱乡情怀的重要场所。如民国时期,广西沿海地区精英辈出,建造了一批居住建筑,可将部分有代表性的名人故居开辟为名人纪念馆、展览馆等景点,充分利用名人的影响力,发挥名人效应,使名人故居成为展示北部湾地区人文风采、提升地方文化品位的平台。通过开展百年近代史教育、爱国主义教育、弘扬传统文化，提高国民素质，激励海内外同胞热爱祖国、建设祖国、推护国家统一，为实现中华民族的伟大复兴而奋斗。

综上所述，广西沿海近代建筑遗产具有多种价值类别：作为中外文化交流物质载体的历史价值、凝聚时代和地域特征的文化价值、具有北部湾城市风貌特色的景观价值、表现为中西合璧的建筑艺术价值、延续居住功能的空间利用价值，此外还有旅游价值、教育价值、情感价值、科学价值等。这些价值类型在性质上有极大差异，总体看来可分为两大类：文化价值和当代社会经济价值[2]。其中，近代建筑遗产的文化价值主要是指当代人们对近代建筑中历经风雨的历史印记的理解、诠释而形成的价值。具体来说，文化价值包括以辨识为基础的本体价值，以研究为基础的工艺价值，以统计为基础的稀缺价值。当代社会经济价值是指与当代社会及其社会经济状况和需求有关的价值。而文化价值的诸多内涵，需要专业人士的辨别、研究，是"隐藏"的价值。隐藏其中的文化价值是近代建筑遗产的核心价值，它凝聚了近代建筑的历史和社会生活的内容，具有深厚、丰富的内涵，是近代建筑遗产独特性和相互区别的根本之所在。同时，我们也不能否认近代建筑遗产景观、艺术等其他方面的价值。

6.2　广西沿海近代建筑的保护状况

随着中国-东盟自由贸易区的建立，广西沿海地区作为"桥头堡"的作用凸显，近年来经济得到快速发展，各城市开展了大规横的城区建设，新农村建设也如火如荼进行。而一些近代建筑在这种建设浪潮中受到了不同程度的冲击，甚至一些近代建筑在推土机的轰鸣声中轰然倒塌，永远消失，令人唏嘘不已！相对而言，北海近代建筑因当地历届政府的高度重视，部分建筑于 2001 年、2006 年被国务院列为全国重点文物保护单位，得到有效的修缮维护与活化利用，结合历史文化旅游，展现北海历史文化名城的风采。北海文保部门自 2014 年 2 月以来开展北海近代中西文化系列陈列馆建设工作，将部分北海近代建筑组建成北海近代中西文化系列陈列馆，系列馆共有 7 个展馆（表 6-1），展出北海近代社会、经济、建筑、宗教、海关、港口及对外开放等相关历史资料及实物资料，充分发挥文物的教育作用，提高人民群众的文化知识水平和文化凝聚力。截至目前，北海市已将英国领事馆旧址开设为北海近代外国领事机构历史陈列馆，德国森宝洋行旧址开设为北海近代洋行历史陈列馆，大清邮政北海分局旧址开设为北海近代邮电历史陈列馆，北海关大楼旧址开设为北海近代海关历史陈列馆，后续还将德国信义会教会楼旧址开设为北海近代宗教历史陈列馆，德国领事馆旧址开设为北海近代金融历史陈列馆，普仁医院医生楼旧址开设为北海近代医院历史陈列馆，合浦图书馆旧址开设为北海近代名人历史陈列馆，形成一组独具特色的人文景观，让北海近代建筑遗产重新焕发生机，成为展示近代北海对外开放历史的平台，彰显北海历史文化名城魅力的场所，而且这种利用多个文物旧址系列展示相关历史文化的案例，全国少见，极富特色[3]。

表 6-1   北海近代中西文化系列陈列馆

序号	馆名	建筑名称	地址	开馆时间
1	领事馆	英国领事馆旧址	北海市海城区北京路 1 号	2016 年 5 月
2	洋行馆	德国森宝洋行旧址	北海市海城区解放路 19 号	2016 年 5 月
3	邮电馆	大清邮政北海分局旧址	北海市海城区中山东路 204 号	2018 年 4 月
4	海关馆	北海关大楼旧址	北海市海城区海关路 6 号	2020 年 12 月
5	金融馆	德国领事馆旧址	北海市海城区北部湾中路 6 号	—
6	宗教馆	德国信义会教会楼旧址	北海市海城区中山东路 213 号	—
7	名人馆	合浦图书馆旧址	北海市海城区解放路 17 号	—

  总体而言，随着我国社会经济的持续发展，广西的文物保护事业进入了一个崭新阶段，文物保护的基础性工作得到加强，文物的保护利用与创新发展能力进一步提高，社会各界及各级政府的文物保护意识普遍加强，为文物保护事业的发展奠定了坚实的基础和创造了良好的社会氛围。但从目前的保护现状来看，广西沿海近代建筑遗存依然没有得到全面、有效的保护，整体保护现状堪忧。主要存在以下问题。

6.2.1 保护等级不高

  经普查统计，广西沿海地区现有保存较为完整的近代建筑 98 处（钦州中山路、人民路老街区合并为 1 处），按文物保护等级分类：国保 17 处，省保 11 处，市保 15 处，县保 11 处，未定级 44 处（表 6-2）。省级以上的文保单位仅 28 处，整体保护级别普遍较低。譬如北海市的许锡清公馆、梅园、德国信义会建德园、廉州府中学堂等，钦州市的光裕堂、申葆藩旧居、榨油屋小洋楼等，防城港市的明江中学教学楼、防城工商联合会、罗浮恒望天主堂等，都具有很高的保护价值，但由于这些建筑保护等级低或未定级，而未受到足够的重视。

表 6-2   广西沿海近代建筑遗产名录

城市	序号	建筑或街区名称	年代	公布批次	公布年份	保护等级
北海市	1	涠洲盛塘天主堂	清末	第五批	2001 年	国保
	2	涠洲城仔教堂	清末	第五批	2001 年	国保
	3	北海关大楼	清末	第五批	2001 年	国保
	4	英国领事馆	清末	第五批	2001 年	国保
	5	双孖楼	清末	第五批	2001 年	国保
	6	普仁医院	清末	第五批	2001 年	国保
	7	法国领事馆	清末	第五批	2001 年	国保

续表

城市	序号	建筑或街区名称	年代	公布批次	公布年份	保护等级
北海市	8	德国森宝洋行	清末	第五批	2001 年	国保
	9	德国信义会教会楼	清末	第五批	2001 年	国保
	10	会吏长楼	清末	第五批	2001 年	国保
	11	贞德女子学校	清末	第五批	2001 年	国保
	12	德国领事馆	清末	第五批	2001 年	国保
	13	北海天主堂	民国	第五批	2001 年	国保
	14	女修院	民国	第五批	2001 年	国保
	15	主教府楼	民国	第五批	2001 年	国保
	16	大清邮政北海分局	清末	第六批	2006 年	国保
	17	合浦图书馆	民国	第六批	2006 年	国保
	18	林翼中故居	民国	第七批	2017 年	省保
	19	瑞园	民国	第三批	2004 年	市保
	20	丸一药房	民国	第四批	2009 年	市保
	21	邓世增公馆	民国	第四批	2009 年	市保
	22	邓世增故居	民国	第四批	2009 年	市保
	23	南康中学高中楼	民国	第五批	2013 年	市保
	24	真如院	民国	第四批	1993 年	县保
	25	德国信义会建德园	民国	第四批	1993 年	县保
	26	槐园	民国	第四批	1993 年	县保
	27	廉州府中学堂旧址	清末	第五批	2013 年	县保
	28	廉州府中学堂图书馆	清末	第五批	2013 年	县保
	29	中山图书馆	民国	第五批	2013 年	县保
	30	福音堂学塾	民国	第五批	2013 年	县保
	31	乾江东西楼	清末	第五批	2013 年	县保
	32	许锡清公馆	民国	/	/	未定级
	33	东一药局	民国	/	/	未定级
	34	永济隆	民国	/	/	未定级
	35	梅园	民国	/	/	未定级
	36	旧高德小学	民国	/	/	未定级
	37	高德三婆庙	民国	/	/	未定级

城市	序号	建筑或街区名称	年代	公布批次	公布年份	保护等级
北海市	38	杨天锡故居	民国	/	/	未定级
	39	将军楼	民国	/	/	未定级
	40	八角楼	民国	/	/	未定级
	41	扁舟亭	民国	/	/	未定级
	42	德国信义会德华学校	民国	/	/	未定级
	43	张午轩故居	民国	/	/	未定级
	44	北海老街区	民国	第一批	2010 年	省保
	45	南康老街区	民国	第一批	2010 年	省保
	46	合浦老街区	民国	第一批	2010 年	省保
	47	婆围老街区	民国	/	/	未定级
	48	党江老街区	民国	/	/	未定级
小计：共48处，其中国保17处，省保4处，市保5处，县保8处，未定级14处						
钦州市	1	苏廷有旧居	民国	第七批	2017 年	省保
	2	冯承垾旧居	民国	第七批	2017 年	省保
	3	郭文辉旧居	民国	第七批	2017 年	省保
	4	香翰屏故居	民国	第七批	2017 年	省保
	5	新大塘龙武庄园	清末	第七批	2017 年	省保
	6	联保小学堂	民国	第一批	1999 年	市保
	7	冯子材故居	清末	第一批	1999 年	市保
	8	黄植生旧居	民国	第二批	2012 年	市保
	9	张锡光故居	民国	第二批	2012 年	市保
	10	榕树塘廖家大院	清末	第三批	2018 年	县保
	11	龙窟塘陈家大院	清末	第三批	2018 年	县保
	12	豫园围屋	民国	第三批	2016 年	县保
	13	敬福堂	民国	/	/	未定级
	14	光裕堂	民国	/	/	未定级
	15	黄知元故居	民国	/	/	未定级
	16	申葆藩旧居	民国	/	/	未定级
	17	刘成桂旧居	民国	/	/	未定级
	18	张瑞贵旧居	民国	/	/	未定级

城市	序号	建筑或街区名称	年代	公布批次	公布年份	保护等级
钦州市	19	榨油屋小洋楼	民国	/	/	未定级
	20	邓政洽故居	民国	/	/	未定级
	21	吴斗星故居	民国	/	/	未定级
	22	谢家五凤堂	民国	/	/	未定级
	23	司马塘宁家大院	民国	/	/	未定级
	24	化龙中学旧校舍	民国	/	/	未定级
	25	合浦师范学校旧址	民国	/	/	未定级
	26	大远梁公祠	民国	/	/	未定级
	27	钦州中山路老街区	民国	第三批	2018 年	省保
	28	钦州人民路老街区	民国	/	/	未定级
小计：共 28 处，其中，省保 6 处，市保 4 处，县保 3 处，未定级 15 处						
防城港市	1	谦受图书馆	民国	第七批	2017 年	省保
	2	防城中山图书馆	民国	第二批	2010 年	市保
	3	陈树坤旧居	民国	第二批	2010 年	市保
	4	肇英堂	民国	第二批	2010 年	市保
	5	维伯堂	民国	第二批	2010 年	市保
	6	杨南昌庄园	民国	第二批	2010 年	市保
	7	陈公馆	民国	第三批	2011 年	市保
	8	明江中学图书楼	民国	/	/	未定级
	9	明江中学教学楼	民国	/	/	未定级
	10	防城工商联合会	民国	/	/	未定级
	11	罗浮恒望天主堂	清末	/	/	未定级
	12	竹山三德天主堂	清末	/	/	未定级
	13	江平天主堂	清末	/	/	未定级
	14	李裴侬旧居	民国	/	/	未定级
	15	凤池堂	民国	/	/	未定级
	16	叶瑞光旧居	民国	/	/	未定级
	17	覃伯棠旧居	民国	/	/	未定级
	18	沈贵方旧居	民国	/	/	未定级
	19	郑日东故居	民国	/	/	未定级

城市	序号	建筑或街区名称	年代	公布批次	公布年份	保护等级
防城港市	20	巫剑雄故居	民国	/	/	未定级
	21	廖道明故居	民国	/	/	未定级
	22	那良老街区	民国	/	/	未定级
	23	防城老街区	民国	/	/	未定级
小计：共23处，其中，省保1处，市保6处，未定级17处						

6.2.2 保护机制不完善

目前，我国已颁布《中华人民共和国文物保护法》，但这只是一个文物大法，还没有针对近代建筑遗产保护的具体情况制定不同的法律法规与具体可行的规范。在广西沿海三市中，北海市作为历史文化名城，对近代建筑的保护起步相对较早，始于 20 世纪 90 年代，现已对北海市范围内的近代建筑遗产进行了较为全面的普查统计并建立资料档案，尤其是对市区内的近代建筑建立了《北海市第一批历史建筑档案册》《北海市第二批历史建筑档案册》等档案资料，编制了《北海历史文化名城保护与规划》《北海近代建筑保护规划》等改造规划，出台了《北海市历史文化街区、历史建筑保护控制管理规定》《北海市历史文化名城保护管理规定》等文物保护政策及管理规章制度。而钦州、防城港两市相对较晚，近几年来，陆续对辖区内的近代建筑进行普查统计登记、文物建筑挂牌、申报文保单位等基础性工作，取得了一定的成效，但近代建筑的文献、图片、文件等资料收集、整理、归档等工作不够深入、系统，大部分近代建筑的文字、图纸、影像资料匮乏，文物保护机制不够完善，至今还没有出台相关的保护条例或法规以对该地区近代建筑进行保护与管理。

6.2.3 保护维护不到位

被列为文物保护单位的近代建筑因等级不同，保护级别也不同，省级以上的文保单位因有足够的资金支持及职能部门的管理而得到了有效的保护，如全国重点文物保护单位北海近代建筑、省级文物保护单位谦受图书馆等；等级较低的大部分近代建筑的保护维护仅仅是"挂牌"而已，缺乏日常管理和有效维护；而未被列入文物保护单位的近代建筑更是"无人问津"的状态，因年久失修、自然残损较为严重，破旧荒废，已失去了昔日的风采。与此同时，人为的破坏让近代建筑的生存受到极大的冲击。新中国成立之后，很多近代建筑由于政治方面的原因而收为公产房，然后再分配给单位或个人使用，导致如今部分近代建筑产权不清、职责不明，或作为私人住宅被占有，或用作政府机构办公用房，或被企事业单位使用，或被权属单位闲置等[4]；使用过程中对建筑外观立面、内部空间的不适当改造而破坏了建筑原有的历史风貌和室内的空间格局。

6.2.4 保护观念意识淡薄

由于近代建筑较为"年轻",历史沉淀感相对薄弱,部分建筑还在正常使用中,用作私人居住或者单位生活和办公场所,所以人们很难将其与"文物"的概念相挂钩,对其历史、文化和艺术的价值缺乏深入认识。加上特定年代的历史与政治原因,对近代建筑形成诸多政治禁忌,存在回避与忽视近代建筑的思想,对近代建筑尤其是民国建筑的价值与存在的意义认识不足,导致政府重视、关注、保护不够,更谈不上利用,以致职能部门的响应度不够。民众保护观念与意识淡薄,不仅近代建筑所蕴含的重要价值不为社会所认同,而且在许多人心目中,它们更是西方列强对华侵略与对部分地区殖民统治的残余和痕迹,不值得保护。因而,近代建筑的社会普遍认同感有待提升,保护意识亟待加强。

6.3 广西沿海近代建筑的保护策略

广西沿海近代建筑遗迹是北部湾地区对外开放的历史见证,承载着丰富的历史文化信息,作为中外文化交流的物质成果,因其风格独特,且在我国西南地区遗存较少,具有极高的历史、文化、艺术等价值特色,理应得到有效保护,并充分利用、发挥其应有的作用,为当地社会经济发展服务。近代建筑的保护与利用与其他文化遗产一样,关系到一个地方文化底蕴、历史文脉的保护传承,是一个十分复杂的系统工程,需要有一个统一、科学的规划,要有相关配套的法律制度与管理规范。

6.3.1 树立动态发展的保护理念

理念是一种经过深思熟虑的具有全面性、系统性与前瞻性的理性思维,它对规划性决、策性的事物起着重要的影响作用。因此,树立"动态保护"的理念对于近代建筑的保护有着重要意义。保护不等于一切都原封不动,而是在发展中求保护,发展是为了更好的保护,发展既为保护提供了物质基础,更是一种运用现代理念和先进方式的重要保护手段。只有在发中保护,在发展中利用,才能让近代建筑活起来,才能让近代建筑充满生机。只发展,不重视地方文脉、地方特色与原生态的保护,这样的发展就会缺乏资源依托而失去特色与生机;相反,只保护不考虑发展,保护就缺乏基础,更缺乏现代的保护手段,那么保护就是束之高阁的空话,也就毫无实际意义。

6.3.2 健全建筑遗产的保护体制

近代建筑具有建设年代较近、异域的色彩,相对集中在城市,历史街区较多,使用率高、背景特殊,住宅多为历史名人或其他曾经的地方社会精英的、建筑产权复杂等特点,因此,应该制定有别于古建筑、民族建筑的法律法规与管理制度。现行的《中华人民共和国文物保护法》是一个文物保护大法,对不同类型的文物保护无法做到更详尽、明确与规范。实际上,区别不明晰、对策不详尽的保护也会影响与削弱保护的实际效果,在实际操作中也容易出现偏差。因而,应该根据古建筑、民族建筑与近代建筑等类别建筑中不同的特点、不同的情况，分别制定不同的法律制度与管理规范。同时，由于我国幅员辽阔，不同省区的具体情况相差较大，且同一省区不同的地方也有不同的实际情况。因此，各地也应该在国家法律法规基础上出台地方性法规与管理制度，以增强各地在近代建筑保护利用中的地方性、灵活性、可行性与可操作性。

6.3.3 建立资料档案的登录制度

资料归档是文物建筑保护的一项常规性工作，也是保护与利用的基础。建立近代建筑的资料档案可以从以下几个方面展开：一是建立科学技术资料档案，包括文字介绍、历史沿革、以往残损状况、修缮记录情况、建筑勘察报告及维修施工技术说明、施工计划、施工材料质量合格证明、修缮方法、施工面积、施工管理日记、工程验收报告等；二是建立图纸档案，包括总平面图、剖面图、修缮设计图等；三是建立照片档案，包括建筑的外景、内景、局部照片以及残损部位修缮前后的对比照片等；四是建立行政管理文件档案，包括修缮工程立项请示、报告以及批复、开工令、进度报告、竣工验收报告等；五是应建立随时记录的工作机制，补充施工和日常管理过程中新发现的历史信息，定期将建筑档案资料提交给档案部门保管。通过各类资料的归档为近代建筑的保护与利用提供素材。

6.3.4 遵循按类分级的保护原则

对近代建筑采取三级保护原则（以骑楼建筑为例），一级保护是对整体保存较完整，按原功能使用，其结构及内部空间保持原貌且建筑的损坏程度较小的骑楼建筑，保护原则是不得变动建筑原有的外貌、结构体系、平面布局和内部装修，维持其现状，采取必要的合理的修复措施，防止其衰变。二级保护是对整体保存较好、结构体系完善、内部基本保持了原貌，由于使用功能的改变而对原有平面布局作了部分调整的骑楼建筑，保护原则是不得改动建筑原有的外貌、结构体系、基本平面布局和有特色的室内装修，建筑内部其他部分允许作适当的变动，以维持其固有特色和防止损坏。三级保护是原状不完整、建筑构件局部损坏、结构构件严重变形和损坏的骑楼建筑，保护原则是在保持原有建筑历史风貌的前提下，允许对建筑外部作适当的变动，以恢复骑楼建筑的固有风貌及特色。建筑内部在保持原结构体系的前提下允许作适当的变动，局部可采用复制的措施从整体上体现原有建筑的特色[5]。

目前建筑遗产保护利用有三种模式。一是保存：这是目前近代建筑遗产保护中采用普遍的一种方式。保持建筑及其周边环境的现状或其被发现时的原始状态，并采取必要措施防止建筑持续破败。主要措施包括结构加固，防止建筑的风化、虫蛀、腐蚀及其他人为破坏，使建筑及其周围环境空间关系尽量维持现状。二是修缮：通过对建筑的考证、价值评估，精确地记录建筑遗产在特别时期的形式、外貌及特性，并移除后期添加的无历史意义部分，以重新组合古迹损毁、遗失或散落的部位及构件为手段，使建筑恢复至过去某一个历史时期的使用状态。修缮模式在原则上鼓励建筑再利用，因此在最少改变的前提下可以合理改善给排水、机电等设备，且合乎当代建筑法规在环保节能、卫生健康及公共安全等方面的要求。三是再利用：指修改现成的资源，使之合乎当代建筑功能的标准，并且具有适用于新的使用功能的可能,是复原修护的延伸。因此,建筑再利用时,在符合保护要求的前提下,可以通过修改空间格局的方式提供更多的使用空间,以符合新的使用功能;可以通过调整使用功能,充分发挥其所具有的使用价值。

6.4　广西沿海近代建筑的保护路径

6.4.1　全面普查统计,彻底摸清资源状况

当前广西沿海近代建筑遗产的信息均来源于 2011 年第三次全国文物普查,至今已近10 年。随着中国-东盟自由贸易区、北部湾经济区的快速发展及城镇化、新农村建设进程的加快,广西沿海近代建筑受到不同程度的冲击,尤其是散落在圩镇、乡村的近代建筑的生存环境受到破坏,甚至面临被拆除的困境。时过境迁,物已非物,政府职能部门应及时投入力量对广西沿海近代建筑进行一次全面、深入、详细的摸底排查,亟待开展普查统计、实地测绘、建筑制图、拍照影像、建档立册等基础性工作,以掌握该地区近代建筑遗产的状况,为后续的保护利用奠定坚实的基础。

6.4.2　积极申报文保单位,提高保护等级

文物保护单位是指具有历史、艺术、科学价值的古文化遗址、古墓葬、古建筑、石窟寺和近代现代重要史迹和代表性建筑等不可移动文物。根据价值的等级,文物保护单位可分为三级,即全国重点文物保护单位、省级文物保护单位和市县级文物保护单位。当前广西沿海近代建筑大部分属于市、县级文物保护单位,整体保护级别较低或未定级。因此,各职能部门应相互配合、统筹规划,对近代建筑遗产进行综合评估,积极申报省级及省级以上的文物保护单位,让更多的近代建筑遗产纳入国家级、自治区级的文物建筑保护体系,使近代建筑受到应有的保护,建立健全文物保护制度,多方面、多渠道筹措资金,对近代建筑本体及周围一定范围实施重点保护。

6.4.3　广泛宣传,不断提高资源知名度

除了知名度较高的全国重点文物保护单位北海近代建筑系列外,民众对其他的广西沿海近代建筑了解甚少,即使这些建筑身处闹市,却往往出现"养在深闺、人未识"的尴尬现象。为了改变这种状况,政府职能部门需要加强近代建筑遗产保护方面的宣传,充分发挥广西沿海地区作为中国-东盟自由贸易区、海上丝绸之路的陆海新通道的区域优势,利用官方网站、影视广告、新闻媒体、微信公众号等多种途径加强对广西沿海近代建筑的宣传与推广,提高广西沿海近代建筑遗产知名度,提高民众的保护观念与意识及社会普遍认同感,以此达到传播广西沿海近代建筑的目的。所有的保护工作都源自人们对近代建筑遗产价值的认知,只有充分认识到近代建筑的价值所在,才能发自内心地对近代建筑进行保护,才能在保护的基础上实现合理的利用。

6.4.4 统筹规划，旅游开发

采用"文物+文化+旅游"深度融合的文化旅游开发创新方式，多层次、多方位地展示广西沿海近代建筑文化魅力。结合旅游开发，探索博物馆、纪念馆、遗址公园等多样化形式，开辟广西沿海近代建筑史迹景点，将现有的、后开发的景点整合串联成一体，形成历史人文旅游的线路。借鉴北海近代建筑保护与利用的成功经验，利用文物建筑旧址系列展示相关历史文化，将部分近代建筑组建成北部湾中西文化交流系列展览馆，形成一组独具特色的人文景观，让广西沿海近代建筑遗产重新焕发生机，成为展示近代广西北部湾对外开放历史的窗口，彰显广西北部湾历史文化的地域特色。例如，以全国重点文物保护单位北海近代建筑打造的"印象·1876"北海历史文化景区位于北海老城区，由解放路、中山路衔接英国领事馆旧址、德国领事馆旧址、德国森宝洋行旧址、法国领事馆旧址、大清邮政北海分局旧址、北海海关大楼旧址等文物古迹组成。结合文化旅游，展现北海近代开埠历史，在充分保护文物建筑、保持建筑历史风貌的前提下美化空间环境，更好地发挥近代文物的公共属性和社会价值。通过对广西沿海近代建筑的旅游开发，真正做到合理保护与充分利用并重。

6.5 本 章 小 结

建筑遗产的有效保护与合理利用是彰显所在城市的历史文化内涵、提升品牌形象和旅游吸引力、促进可持续发展的标志和动力。因此，对广西沿海近代建筑的保护利用需要更新理念，形成制度，解决认识和机制问题；科学修缮，保持风貌，充分彰显建筑精品的美学价值和旅游吸引力；理顺产权，腾退置换，为旅游开发提供更大空间；创新业态，以用求护，使活化利用历久弥新，健全标识，丰富解说，让沉淀过往的近代建筑激励未来。

以广西沿海近代建筑为主题，通过弘扬近代建筑历史文化，培养人们对城市的认同感和荣誉感，塑造城市品格。把历史文化的张力，变成城市的活力；把历史文化的影响力变成城市的竞争力；把历史文化的软实力变成社会生产力并以这种薪火相传的历史文化定力作为强大的精神支柱，为实现北部湾地区可持续发展提供了源源不竭的动力[6]。通过开展中国近代史与爱国主义教育，激励海内外中华儿女热爱祖国、建设祖国，在新世纪的海上丝绸之路上谱写新的篇章，在新时代的特色社会主义征程上续写新的辉煌，对实现中华民族伟大复兴的中国梦具有重要的作用。因此，将广西沿海近代建筑资源整合利用，充分挖掘文化内涵，积极探索近代建筑资源利用与城市建筑、区域旅游、环境保护相融合发展的新路径，凸显其在北部湾城市特色、历史文化、旅游经济方面作为"历史资源与城市资产"的双重效应[7]，以服务当地的社会经济发展，是广西历史文化遗产保护的一个重要课题。

◎ 本章参考文献

[1] 肖星，姚若颖，罗聪玲. 北方 7 市西洋近代建筑保护性旅游开发研究 [J]. 旅游科学，2020（4）：90-103.

[2] 费尔登·贝纳德，朱卡·朱可托. 世界文化遗产地管理指南 [M]. 刘永孜，刘迪，等，译. 上海：同济大学出版社，2008：23.

[3] 廖元恬，李欣妍. 略谈北海近代建筑的保护和利用 [J]. 钦州学院学报，2016（9）：1-7.

[4] 梁志敏. 广西百年近代建筑 [M]. 北京：科学出版社，2012.

[5] 汝军红. 历史建筑保护导则与保护技术研究 [D]. 天津：天津大学，2007.

[6] 王小东. 关于北海历史文化与城市发展的思考 [N]. 光明日报，2004-04-01（010）.

[7] 李俨，郭华瑜. 试论南京近代建筑遗产在城市发展中的困境与出路 [J]. 自然与文化遗产研究，2019（10）：120-125.

第7章　结论与展望

本书以广西沿海近代建筑为研究对象，深入了解近代广西沿海近代建筑的产生背景和发展历程，结合典型实例，较为系统、全面地分析了广西沿海近代建筑的形态特征，探讨了近代建筑的物质空间、立面形式、建筑构造、材料使用等内容；探究了以西洋建筑、教会建筑为代表的外来建筑文化在广西沿海地区的传播与影响，揭示了广西沿海地区传统建筑对外来建筑文化吸收与接纳的基本范式。通过研究，基本上能够解答广西沿海近代建筑产生、发展的起因和结果，广西沿海近代建筑的形态特征与地域特色，为后续广西沿海近代建筑的遗产保护提供了基础，主要形成以下结论与认知。

1）作用过程的渐进性

外来建筑文化对广西沿海近代建筑的影响，呈现从沿海、沿边开始，逐渐向内陆城镇、乡村渗透、扩散与发展的态势，体现了明显的"西方化"与"本土化"相互影响、反复作用的特征。广西沿海近代建筑经历了萌芽、发展、兴盛、衰落四个发展时期。因广西沿海地处中越边境，在1840年鸦片战争之前，西方教会就以越南为跳板，以传教的方式向东兴市输入西方宗教思想并建造教堂，从而萌芽了早期的近代建筑。随着北海的开埠，外国人在北海设立领事馆、海关、税务司，传教士开设医院、学校，建造了一批西洋建筑、教会建筑，近代建筑有了较大规模的发展。而后，在"西学东渐"的背景下，西式建筑成为当时社会的一种建筑时尚，地方政府和社会精英将其推向了发展的顶峰，后因爆发战争、社会动荡使其归于沉寂。

2）产生类型的多样性

广西沿海地区因特定的历史背景、地理位置，所受影响的外来文化来源多元、传播途径多样、接受方式主动、影响范围广泛，从而产生了丰富多样的建筑类型，有外国人建造的西洋建筑、传教士建造的教会建筑、地方政府建造的办公建筑及其推广实行的骑楼建筑、社会精英推崇效仿的居住建筑、学校学堂建造的文教建筑、普通民众建造的庙宇建筑七大类型。早期西洋建筑、教会建筑的传播与影响，促进了传统建筑的自我调适与更新，并发展丰富了自身的建筑类型，形成新的办公建筑、骑楼建筑、居住建筑、文教建筑。新与旧、中与西的相互并存，致使该地区城乡风貌总体呈现异彩纷呈的局面。

3）建筑形态的独特性

广西沿海近代建筑在物质空间、立面形式、建筑构造、材料使用上有其鲜明的形态特色。物质空间形态多样化，有"长方形""排屋+外廊""方形+外廊"三种空间模式。建筑立面以券形、柱式组成券拱型、券柱型，形成连续的券廊立面，立面形式表现为横三段式的构图，分段特征显著、层次清晰，造型虚实结合、光影效果明显、体量感十足。建筑构造以西式柱墙承重、拱券形式、桁架支撑与中式的硬山搁檩、木楞楼面相结合。材料使用新旧结合、中西混用，既有钢材、水泥、铁艺等新型建筑材料，又有竹木、青砖、石灰、黄泥、石材等地方材料。

4) 传播影响的双向性

外来建筑文化在广西沿海地区被接纳的关键在于社会意识和风尚上的认同与欣赏，是对外来建筑文化的主动汲取而非被动接受与植入。作为一种跨文化传播的载体，西洋建筑、教会建筑在广西沿海地区发展过程中经历了对自身建筑符号的筛选以及对传统建筑符号的借鉴，并经过建筑实践活动与建筑形制和建造技艺的调整与融合，最终形成具有鲜明的地域特色的广西沿海近代建筑。无论是作为传播方的西洋建筑、教会建筑，还是作为接受方的广西沿海地区传统建筑，两种不同的建筑体系在反复实践和不断地摸索调整与整合，以寻求双方的共性，并实现共同的增值发展。

由于研究的时间和精力有限，目前研究还存在不足之处：①广西沿海近代建筑相关史料较为匮乏，研究多局限于基于现状图片及文字史料的推断，相关研究的准确性可能会受到影响。②实地调研不够全面，由于个人能力有限，很多处于偏远乡村的近代建筑，因交通不便，没有进行实地的调研与测绘。

下一步，该领域的研究可以考虑以下几个方面的内容：①广西近代建筑遗产的保护与利用，在充分认知的基础上，如何做到合理利用，这又是一个具有挑战性的研究课题。广西沿海近代建筑作为北部湾地区的一笔珍贵的历史文化遗产，应得到足够的重视与关注，需要专业人士去探究、挖掘与凝练其文化内涵与价值特色，以彰显北部湾地区近代时期独特的历史文化魅力。广西沿海近代建筑遗迹分布较分散，只有少部分集中在市区，而更多的则散落在圩镇、乡村之中，要系统构建一个完整的研究图景，这需要在政府职能部门的统筹下开展工作，投入足够的人力、物力、财力，进行一次全面、深入、详细的摸底排查，亟待开展普查统计、实地测绘、建筑制图、拍照影像、建档立册等基础性工作，以掌握该地区近代建筑遗产的状况，为后续的保护利用奠定坚实的基础。②广西近代建筑研究目前尚处空白，广西沿海近代建筑的相关研究可作为一个供参考和借鉴的模板，后续可以〔其他因素一件，随着作品〕□区域的桂东南近代建筑研究，以桂林为中心区域的桂北近代建筑〔文章围绕作品的力量〕近代建筑研究的内容。③从整体上看，近代建筑分布在一个较大的〔作品的"多声部现象"，提〕城镇间的差异性研究不够详细、充分，而这些差异正是城镇个性风〔地域范围内，对它们在〕貌的重要组成部分，是城镇之间自然、社会、经济、文化等环境影响的结果，这正是形成广西近代建筑的地域特色与文化内涵的最显著特征。

附　　录

附录一　广西沿海近代建筑实景图

序号	建筑名称	实　景　图
1	涠洲盛塘天主堂	
2	涠洲城仔教堂	

序号	建筑名称	实　景　图
3	北海关大楼	
4	英国领事馆	
5	普仁医院医生楼	

序号	建筑名称	实　景　图
6	双孖楼	
7	法国领事馆	
8	德国森宝洋行主楼	

序号	建筑名称	实　景　图
9	德国森宝洋行副楼	
10	大清邮政北海分局	
11	德国信义会教会楼	

序号	建筑名称	实　景　图
12	会吏长楼	
13	贞德女子学校	
14	德国领事馆	

序号	建筑名称	实　景　图
15	北海天主堂	
16	合浦图书馆	
17	主教府楼	

序号	建筑名称	实　景　图
18	丸一药房	
19	永济隆	

序号	建筑名称	实 景 图
20	瑞园	
21	梅园	

序号	建筑名称	实　景　图
22	南康中学高中楼	
23	德国信义会建德园	
24	槐园	

序号	建筑名称	实　景　图
25	廉州府中学堂	
26	苏廷有旧居	
27	郭文辉旧居	

序号	建筑名称	实 景 图
28	申葆藩旧居	
29	化龙中学旧校舍	
30	化龙中学龙元楼	

序号	建筑名称	实 景 图
31	榨油屋小洋房	
32	谢家五凤堂	
33	谦受图书馆	

序号	建筑名称	实　景　图
34	防城工商联合会	
35	陈树坤旧居	
36	凤池堂	

序号	建筑名称	实　景　图
37	明江中学教学楼	
38	陈公馆	
39	罗浮恒望天主堂	

附录二　广西沿海近代建筑立面图集

序号	建筑名称	建筑立面
1	双孖楼	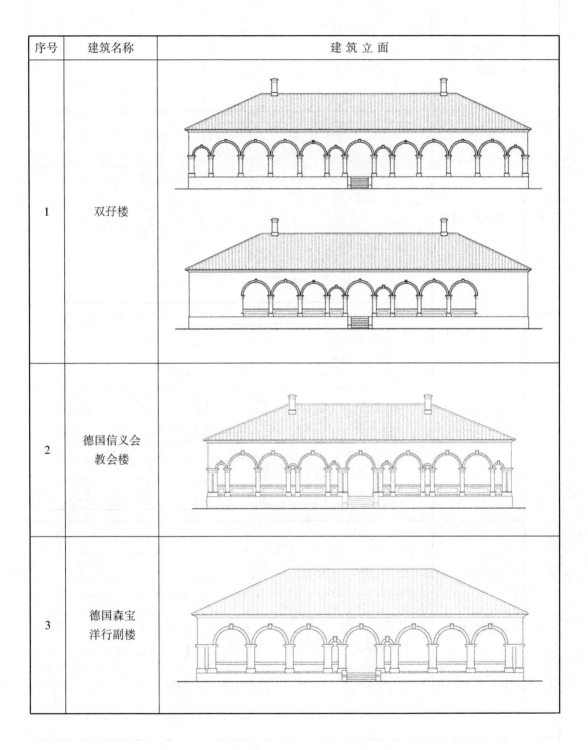
2	德国信义会教会楼	
3	德国森宝洋行副楼	

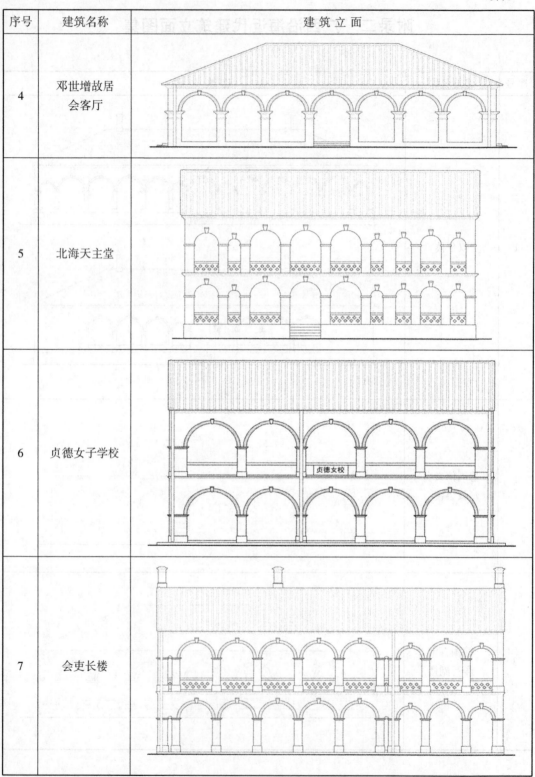

序号	建筑名称	建 筑 立 面
4	邓世增故居会客厅	
5	北海天主堂	
6	贞德女子学校	
7	会吏长楼	

序号	建筑名称	建筑立面
8	德国领事馆	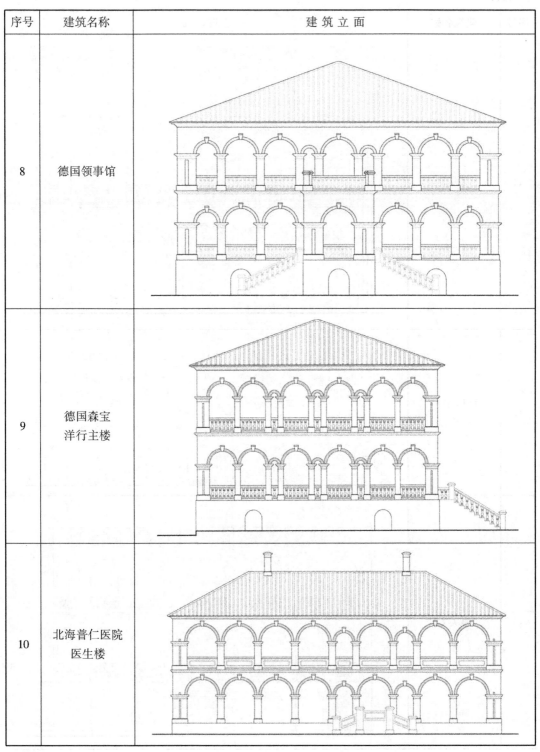
9	德国森宝洋行主楼	
10	北海普仁医院医生楼	

序号	建筑名称	建　筑　立　面
11	梅园	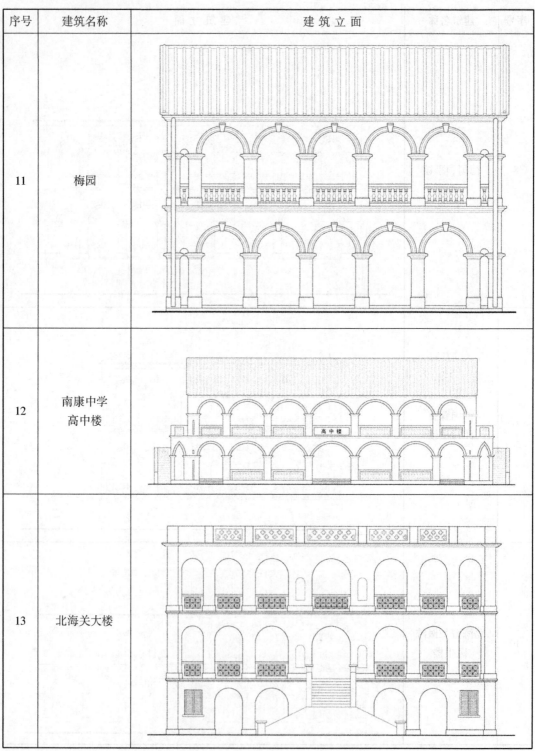
12	南康中学 高中楼	
13	北海关大楼	

序号	建筑名称	建筑立面
14	英国领事馆	
15	瑞园	
16	东一药局	

序号	建筑名称	建 筑 立 面
17	德国信义会 建德园	
18	苏廷有旧居	
19	联保小学堂 图书馆	
20	凤池堂	

序号	建筑名称	建 筑 立 面
21	合浦图书馆	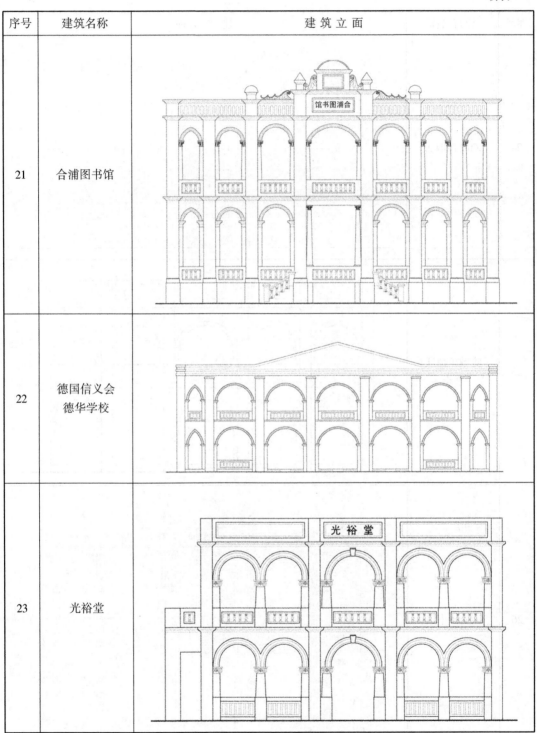
22	德国信义会 德华学校	
23	光裕堂	

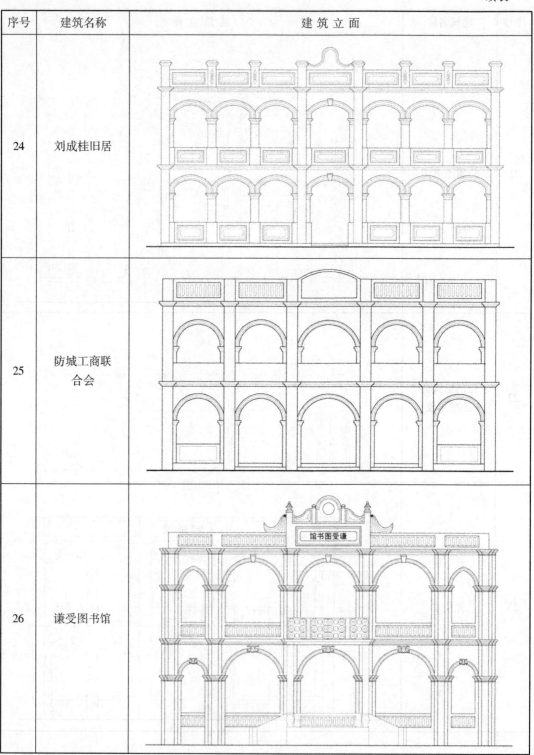

序号	建筑名称	建筑立面
24	刘成桂旧居	
25	防城工商联合会	
26	谦受图书馆	

序号	建筑名称	建 筑 立 面
27	联保小学堂教学楼	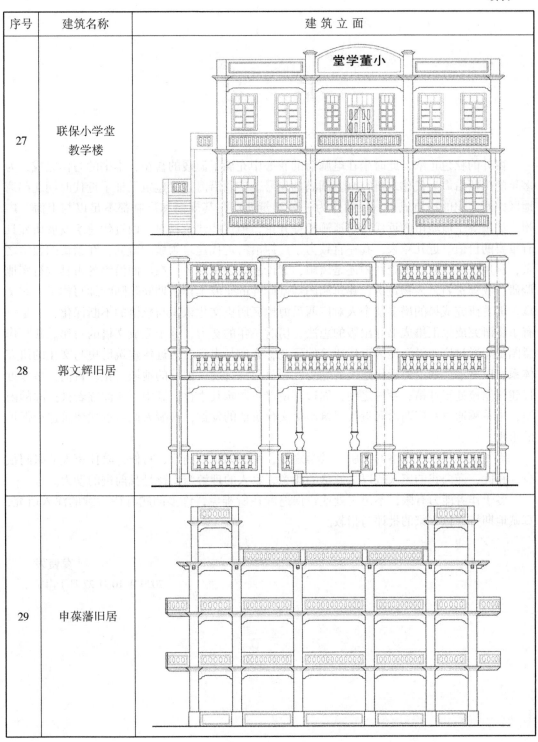
28	郭文辉旧居	
29	申葆藩旧居	

后　记

　　窗外的秋色正浓，此时坐在电脑前的我心中充满了温暖的喜悦，本书的写作完成，为多年的广西沿海近代建筑研究画上圆满的句号。广西沿海近代建筑见证了近代时期北部湾地区中西文化的物质成果，虽然作为一种建筑遗产，其规模和形制都不足以与上海、广州、沈阳等主流城市的近代建筑遗迹相提并论，但这些建筑物对广西近代建筑发展研究具有重要的价值。近几年来，我一直致力于广西沿海近代建筑领域的研究，在繁忙的教学之余，利用空闲时间，无论骄阳还是风雨，无论酷暑还是寒冬，在广西沿海各市县进行实地调研、收集资料、人物走访、建筑测图等基础性的研究工作，期间陆陆续续写作了一些文章。随着研究成果的增多及个人对广西沿海地区历史文化认识与感悟的不断深化，于是就有了将研究成果汇集成书并出版的想法，历时三年的努力，终于完成文稿的写作。我写作意图是想通过广西沿海地区近代建筑的研究，充实与丰富广西近代建筑历史与文化的研究体系，以展示广西沿海近代建筑的魅力，彰显北部湾地区独特的地域文化。目前，多数近代建筑遗迹处于圩镇、乡村之中，周边环境严重影响其生存，其中一些面临着被拆除的困境，也希冀通过对广西沿海近代建筑历史文化价值的发掘，唤醒人们对近代建筑遗产保护的重视。

　　为了能尽早完成本书的出版，教学之余，忙于调研、测绘、写作，陪伴家人的时间很少。在此，谨向我的家人致以最诚挚的谢意，家人的理解与支持是我前进的动力。

　　鉴于作者能力有限，不足之处或错误遗漏在所难免，许多问题有待后续的深入研究，真诚地期待各位方家的批评与指教。

莫贤发

2020 年 10 月 27 日于南宁